艺术设计专业"十二五"规划教材

服饰品设计

Accessories Design

张嘉秋　车岩鑫　编著

中国传媒大学出版社

前　言

　　服饰艺术具有广泛的群众性，服饰品是服饰艺术整体的一个重要组成部分，它标志着一个人的风度气质和文化修养，是直接影响人们形象的重要因素。随着人们对服装的整体需求的提高，服饰品逐渐地演变成为服装表现形式的一种延伸，已成为服装整体美不可或缺的一部分，同时其实用价值也使之成为了人们生活中的必需品，服饰品设计的重要性也就不言而喻了。

　　装饰是人类在社会实践中改变事物原貌使其不断增益、美化的活动，它不仅是人们对社会现实生活感性认知最生动的提炼与表现，而且是一种"有意味的形式"，成为人们寄托情思、宣泄情感、表达心境与意志的载体。人类服装是从身体装饰开始的，从严格意义上讲，服饰品是先于服装出现的，人类在其身体表面加些附属的东西使之美观、适宜，这种活动本身即为装饰的过程。服装装饰不仅体现在服装表面的配饰、纹样、图案和色彩等因素上，同时也体现着依据服装的功能应运而生的服饰品体系。服饰品以自身的形式特征及完整的社会功能而成为文化的符号，使人们的精神需求、审美需求以及生理需求不断地得到补偿和满足，其社会属性也不断得到认同与体现。服装的发展过程就是服装装饰形式、装饰手段和装饰内容不断发展完善的过程。

本书由北京联合大学师范学院张嘉秋老师和车岩鑫老师撰写。作者结合多年教学经验，以图文并茂的形式概述了服饰品设计的发展历史、服饰品与服装的关系、服饰品的品牌与风格、服饰品整体搭配技巧等内容。本书内容丰富，由浅入深、循序渐进，为广大服装专业的师生、从事服装设计的人员，以及服装设计爱好者提供了一本既有理论依据，又可作为服饰图典的工具书。由于学识有限，加上时间仓促，书中不足在所难免，欢迎各位专家、读者一一指出，以便再版时订正。

谢谢！

北京联合大学师范学院张嘉秋

2012.7

目　录

<table>
<tr><td>第一章</td><td></td></tr>
</table>

第一章　漫话中西服饰品的变迁

服饰品也称服饰配件、装饰物、配饰物等，是指与服装相关的装饰物，即除服装以外的所有附加在人体上的装饰品和装饰。"服"表示衣服、穿着；"饰"表示修饰、饰品。服和饰之间相互依赖而发展，受到社会环境、时尚、风格、审美等诸多因素的影响，经过不断地发展和完善，才形成了今天的多种多样的形式。服饰品在服饰中起着重要的装饰和实用作用，使服装外观的视觉形象更为整体，通过独特的造型、色彩、装饰等艺术语言，表达服装整体风格，满足人们的不同心理需求。研究服装的变迁，首先要从服饰品入手，因为众所周知的原因，服装的材料一般是有机的纤维，经过时代的风化很难保存至今，而服饰品作为服饰的一部分，有些却完整地保存下来，成为了我们今天研究服饰历史的宝贵资料。

服饰品的设计是一直伴随着人类而存在的，它的出现可以追溯到人类产生的最初阶段。在我们的祖先还在茹毛饮血、洞穴而居的时期，就开始用各种物品来装饰、美化自己的身体。以一种简单原始的方式来装饰自己，这不仅是原始人类生活的重要内容，也是现代一些土著民族的常见装扮方式。从某种意义上甚至可以说，服饰品是人类开始着装的最初启蒙状态，

并且随着社会的发展和演变，服饰品已经深入社会的每个层面，成为一种广泛而普遍的人类行为和必不可少的审美形式，在人们日常生活中的地位举足轻重。本章主要将服饰文化的演变以图示的形式进行叙述，有助于大家对服饰品的变迁有一个视觉化的概念。

图1-1　鲁斯本笔下的亚当和夏娃，几片无花果叶演绎出迷人的装饰魅力

第一节　人类服装与装饰起源诸说

　　人类的最初装饰与人类劳动生活和文明的发展是分不开的，它反映出文化艺术与社会经济、精神生活之间密切的关系。人类的最初装饰是与服装起源紧密联系在一起的。人类是从什么时候开始着装的，这仍然是一个谜。从我国的考古发现来看，1.8 万年前北京山顶洞人已懂得自制骨针和装饰品（图 1–2、1–3）。并且已可确凿地证明，服饰品是先于服装出现的。图 1–4 为山顶洞人服饰想象图。

图 1–3　山顶洞人使用的项链

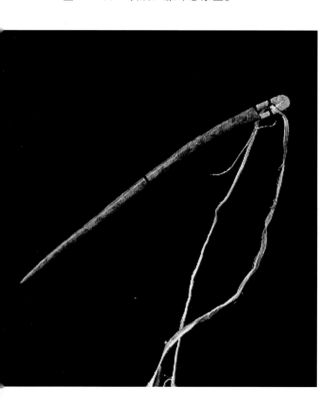

图 1–2　山顶洞人使用的骨针。
本图片取自《中国通史陈列》一书（朝华出版社 1998 年版，第 10 页）

图 1–4　山顶洞人服饰想象图

总之，人类的史前服饰经历了漫长而丰富的演变过程。对于服饰品起源的研究应依照有关的历史背景与文化背景来考虑，以人类赖以生存的环境对服饰品产生所起到的作用以及服饰品产生的各种动机和目的等方面加以探讨（图1-5）。

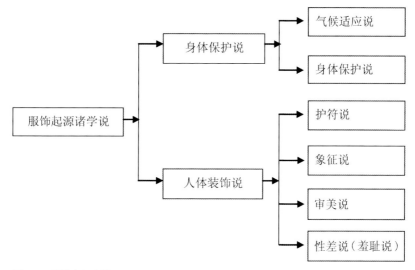

图1-5 服饰起源诸说

一、气候适应说

适应环境的保护功能。衣服具有保护身体的功能，也是我们无法否认的。譬如北亚、中亚地带和北极的爱斯基摩人，或南美最南端的巴塔哥尼亚等寒带地区，由于寒冷程度已超越人体的适应限度，因此居住在这些地区的部族都有独特的御寒衣物（图1-6）；此外，居住在阿拉伯干燥地带的人，仲夏气温高达摄氏45度，人们全身裹着衣物，以防皮肤被阳光灼伤（图1-7）。由此可知，人类真正需要穿着衣服的地方并不多。衣物所以普遍，可能不是由于自然环境的影响，而是受到其他社会文化的左右，如裸体生活的民族，随着人类历史的演进而逐渐减少。

图1-6 北极爱斯基摩人的御寒服饰

图 1-7　居住在阿拉伯干燥地带的人全身裹着衣物,以防皮肤被阳光灼伤

图 1-8　巴布亚新几内亚原住民的服饰还保持着原始的特点。摄影 / 王玉国

二、身体保护说

人类从爬行到直立行走,藏匿在人体下端的性器官被暴露出来,为了不被外界伤害,特别是早期人类个人卫生欠佳,为防蚊虫侵扰,用腰布或条带物围在腰间,随人的活动产生摆动来驱赶蚊虫,进而把身体其他部位如法炮制地裹起来,便形成了最初的服饰形态(图 1-8)。

上述两种观点,都是从人体生理角度出发、认为服装是人类面对外界环境对自己身体的一种保护方法。我国学者一致认为服装的起源其根本原因是实用。《释名·释衣服》中说:"衣,依也,人所依以避寒暑也。"但也有人认为这都是以现代人的思维去推测原始人。许多心理学家和社会学家提出了与上述两说不同的观点。

三、人体装饰说

与身体保护说相反,一些学者认为原始人由于生产力水平低下,人类对自然界的现象缺乏正确的认识,认为天灾人祸,生老病死均由神灵魔鬼所操使,故需衣服和其他装饰品来保护自己,形成了服饰起源的护符说。还有学者认为,人类为使自己更富魅力,希望通过服装将自己的心理行为创造性地表现出来。建立了服装起源的象征、审美和性差学说。

1. 护符说

早期人类在自然崇拜和图腾信仰中，相信万物有灵，人的精神与躯体是分离的。灵魂有善，可给人带来幸福与快乐；但也有恶，给人带来灾难和疾病。为得到善灵的保护，避开恶灵的侵害，将自然界中被认为比人更有神力的东西，如贝壳、石头、树叶、果实、兽齿及羽毛之类，穿戴在身，便可得到超自然的神力，借以保佑和避邪，达到保护自己的目的，后来便形成了服装及装饰品（图1-9）

图1-9 动物贝壳或牙齿制成的项链作为简单的点缀。摄影 / 王玉国

几乎所有的原始人皆受自身信仰的支配，并且这种影响是根深蒂固的。至于在任何形式的装饰之前，是否已有这些迷信，至今还是一个疑问。随着社会组织趋向复杂化，传统习惯和信仰也在进化中，当社会发展到一定阶段时，就会出现一定形式的宗教和迷信。人类很早就有初步的个人装饰之种种形式，由此可见，服饰品不是迷信的衍生物，而是与迷信的进化同时存在，并且形成它们的某些中心，被用来作为保护穿戴者抵御不可知的魔鬼或不幸的一种手段。我国农村小孩佩戴长命锁，银项圈等，均源于护符的想法。

2. 象征说

有的学者认为，原始人为突出自己的力量或权威，用一些稀有的东西，如美丽的羽毛、猛兽的齿骨、罕见的宝石等来装扮自己，以表现勇猛、力量或身份、地位等特征。正如现代人手戴戒指的不同部位，可表明其婚姻状况。我国过去也有妇女结婚后便把头发盘起。原始初民崇尚割皮、文身、疤痕，甚至毁伤肢体来装饰，以表达自己的年龄和社会地位（图1-10、1-11）。

希望别人赞美自己，几乎是所有人的共同特点，不管是高度文明还是尚未开化的人类，这种自我表现常被视为自负或自我欣赏的特质，何况文明人的自负倾向远远超过尚未开化的人。酷爱装饰自己的人类特质，在每一个原始部落都有很明显的迹象。原始人缺乏生活必需品，但是人人都设法从装饰中追求欢乐，而大多仍

图 1-10、1-11　非洲一些国家的黑人部落非常喜好特别夸张的鼻饰和耳饰。他们把鼻子穿孔，戴上植物、石头、贝壳等装饰品。至于耳朵，要在耳垂上打孔挂上沉重的坠物，直至让耳垂因重压而垂到肩上。

局限于个人装饰。打猎回来时，背上扛着猎杀的动物，或者带着血污和伤痕从战场凯旋归来时，路上遇到的人总会满口称赞他们。毫无疑问，他人的称赞是为了使其高兴，这种心理和现今一样。当某人被人们从人群中挑选出来，获得刮目相看的待遇时，便陶醉在这种得意的激情中。可是，当这种血污和伤痕消失后，部落的其他人就会忘记他作为战士或猎人的勇猛和力量，他又处于与其他人相同的地位。享受过荣誉的人，往往很难再回到原先不被尊敬的地位，如此便促使其寻求更加永恒的、可用来标识其能力的徽章。这就是装饰品产生的原因之一。

3. 审美说

这是一种较为流行的说法。许多学者认为，爱美是人的天性。人类进化过程中，嗅觉在减退，而视觉在增强，对外观形象、光线色彩的感知日趋敏锐。正如百闻不如一见。从古到今，总有不穿衣服的民族，但不装饰打扮自己的尚无发现，只是装饰方法和程度参差不齐而已，服饰品正是由人类装饰审美的需要而诞生的。（图1-12、1-13）

4. 性差说（羞耻说）

性差说（羞耻说）也可称之为异性吸引学说。该观点认为，为了突出男女性别的差异，

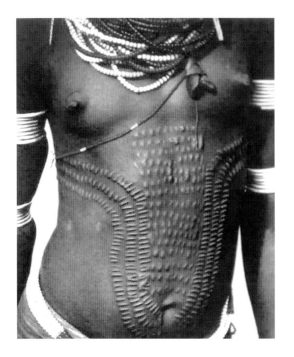

图 1-12 苏丹南部部落的刺面和文身具有团伙徽标的意义和一定的宗教意义，但是大多数文身都是为了审美，而追求美跟增大自己的吸引力密切相关。

图 1-13 为了装饰唇部和耳部而使身体变形的苏丹妇女。在面部制造疤痕为苏丹南部部落青年所推崇。

以引起对方的好感与注意，就用服饰品来装饰强调，由此便有了服饰品。

有些社会学家相信，衣服的起源是为了吸引异性，并且与身体部位有相当密切的关系。R·包博·约翰森 (R·Brobr·Johensen) 在其所著的《着装的历史》一书中谈到克罗马农地母像时写到，她们在臀部系着腰绳和极小的围裙，目的是"蔽后不蔽前"，用来吸引男性，这就是最初的而且是本来的服饰之目的。现今南太平洋诸岛上有些原始部落男性在裸体的身上系着一个直径 5 厘米至 6 厘米、长约 40 厘米的黄色芦秆做的阴茎鞘。南美的印第安人也有此鞘，并在上边镶嵌着宝石加以突出。众所周知，熟悉的事物不会引起好奇，隐藏的东西反而容易激发人们的好奇心。比如，稍稍披上一点遮盖的东西，隐约可见体形，就比全裸更诱人。如果一个漂亮的东西，像首饰或花，放在身体的某一部位，人们立即会被这部位所吸引；佩戴宝石镶嵌的戒指或项链会引起人们注意漂亮的手和前胸，闪亮的鞋扣会吸引人注意雅致优美的脚。如不经装饰，这些部位很难惹人注目。有人指出，当人类处于不穿衣的时代，人体各部位并不会引起特别注意；后来，为了引起注意而在人体某些部位附加一些挑逗性装饰的做法，才应运而生。

性差说的另一观点，认为服饰的产生是对性的掩盖，是为了蔽体和遮盖。该观点来自《圣经》旧约全书《创世篇》中的记载。上帝创造亚当和夏娃，夏娃在蛇的诱使下偷吃了智慧果后，看见自己赤裸全身感到很羞耻，便随手摘下树叶将自己的性器官遮盖起来，这便成了服装起源的一种说法。此说仅是传说而已，并没有具体的证据显示其真实性。原始人赤身裸体生活了两百多万年，当时人的大脑尚没有进化到认识羞耻。后来人穿上了衣服，经常遮蔽的地方，如再脱去裸露时，才产生了羞耻心，因此，服装应是产生羞耻感的结果，而不是原因。《中国原始社会史》一书中记载，早期人类赤身裸体，不知衣物，也无羞耻心，只有在父权制和私有制产生后，嫉妒观念的诞生，羞耻心才得以出现并得到发展。《白虎通义》中称：人的羞耻心是从群婚向偶婚发展时才出现的。

关于服饰起源的理论，众说纷纭，莫衷一是，日本著名服饰学者小川安朗总结为服装起源是多元化的起因。一方面是为了维护生命，以适应自然环境的自然科学性人体保护观念，另一方面是集团生活中性别、等级、社交等人际关系意识和对神灵的原始崇拜这一社会心理学性的人体装饰观念，因此服饰品的起源和发展是和服装的起源和发展紧密联系在一起的，了解起源诸说，有助于服饰品设计的借鉴与创新。

第二节　服饰品的历史变迁

一、人类早期的装饰行为

1. 草　裙

草裙时代在人类历史上所处的年限，大约在旧石器时代中期和晚期。草裙是采集经济的产物。人类童年时期，不是穴居就是巢居（树上筑棚）。植物是大自然最慷慨的赐予。《圣经》故事讲，亚当、夏娃最早穿起的裙子，是将无花果树枝、树叶系扎在腰间，这实际上类同于本书概念中的草裙。

南太平洋岛国巴布亚新几内亚至今仍然保留着人类童年期，即石器时代的文化。在那里的土著居民身上可以看到真正的草裙，是由新鲜的草捆扎、编织而成的，鲜嫩、青绿，带着露水，重现了万年前的草裙风姿（图1-14）。

2. 兽皮披

兽皮披在人类历史上所处的年限与草裙时代相同，大约在旧石器时代中期和晚期。兽皮披时代相对较晚。兽皮披是狩猎经济的产物。人类在童年时期先从事采集，而后才以狩猎来

图1-14　巴布亚新几内亚土著居民穿着的由新鲜的草捆扎、编织而成的草裙。摄影／王玉国

补充采集的不足。兽皮披时代，饰物与服装共同构成一个集中体现狩猎经济时期的着装形象。原始的野性，纯真的情趣，记录着那一个时代的服装史实（图1-15）。

图1-15　身着兽皮的尼安德特人复原图

二、服饰品的演变与发展

漫步服饰历史的长河，服饰品在服饰文化中扮演着重要的角色。服饰作为一种文化，人们一般将其分为意识文化、行为文化、物质文化三类。意识文化又称观念文化，行为文化又称制度文化，物质文化又称器物文化。经过人们劳动、生产、实践而问世的服饰，是一种人工创造的"文化产品"，融合了上述三类文化。就服饰文化而言，首先我们可以用眼睛看到服饰的色彩、款式，通过手、皮肤接触到服饰的质感，用鼻子嗅到服饰的气味。服饰文化是自然物质按人的意识和行为组合而形成的，服饰文化在很大程度上反映了社会心理、宗教、艺术、科学等意识文化形态。尤其是审美因素，它在服饰文化中占据着重要地位。由于中西方文化背景的不同，其服饰文化观念也存在较大的差异。因此本节按历史发展的时间脉络对中西服饰品的发展进行图示描述，以便对服饰品的发展有一个感性的认识。

1. 古埃及、巴比伦及亚述风格（3000BC-300BC）

（1）古埃及装饰风格

古埃及文明起源于公元前3000年前的尼罗河畔，由于埃及气候干燥和炎热，人的皮肤大

多数裸露在外面，所以在衣服款式上，埃及人竭力追求简单和开放的着衣风格，靠佩戴华丽迷人的饰品来点缀衣服。人们对宗教的深厚情感和当地丰富的宝石资源，使饰品在当时迅速普及。考古学家在图坦卡蒙（古埃及新王国时期第十八朝法老）的墓室中挖掘出大量珠宝饰品，饰品种类繁多，大多以鹰、太阳、圣甲虫（甲虫类动物）、莲花、生化莎草等自然生物为设计素材。制作饰品材料为：金、银、青铜、玛瑙、祖母绿、紫晶、绿松石、石榴石、琉璃等。正是因为金属以及宝石的持久性材料，使我们今天还能够看到这些精美的艺术品。精美的饰品为古埃及人白色的亚麻服装增添了绚丽的色彩。

A. 国王及重臣服饰品

帝王装不仅象征着富有，更重要的是象征着至高无上的权力，这在埃及第一王朝、第二王朝时就已经显示出来了。神圣的伏拉斯神安详地立在国王王冠的正前方，成为国王掌握生杀大权的象征，也是为国王自身驱邪除恶的守护神。

国王整体着装像中还有其他代表权力象征的随件，如曲柄手杖和梿枷则象征着国王对耕田者的统辖（图1-16）。

B. 王后及贵妇服装

在埃及王朝中期，标志王后权威的头饰是一个兀鹫的形象。兀鹫被塑造得安详端庄，双翼展开垂下，紧紧地护卫着王后的头部，并一直贴到前胸。尾羽略短，平行略向上翘。相传，

图1-16　代表权力象征的随件——曲柄手杖和梿枷

图1-17　戴兀鹫头饰的王后

王后的兀鹫头饰是国王外出时对王后的神灵保佑，也是远离家门的丈夫赐给妻子的护身符（图1-17）

这一时期的王后和贵妇的等级之分，主要

不在衣服,而在饰件。当时留下的艺术形象表明,几位大帝的妻子和贵族妇女们的着装几乎与民众没有太大的区别,只不过贵族妇女的裹布衣装,有时在样式上有一种确定等级的倾向。

C.主要服饰品

项圈:按照圆柱形珠子的大小和颜色垂直排列,两端是半圆形,或者按鹰的形态来设计。(图1-18、1-19、1-20、1-21)。

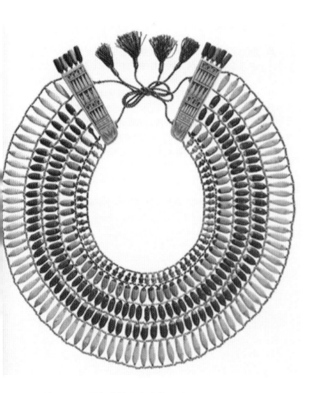

图1-18　具有装饰和凉爽作用的项圈

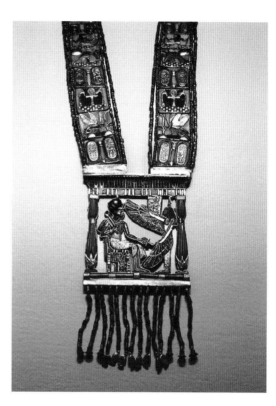

图1-19　带有法老与真理女神图案的项饰

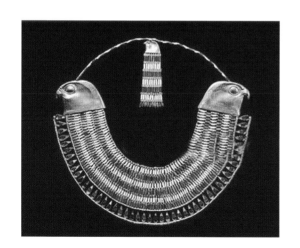

图1-20　釉珠彩链

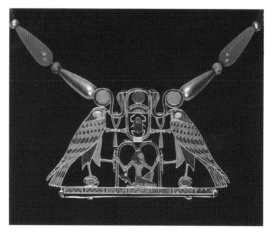

图1-21　装饰吊牌

手镯：手镯最初是制作成简单的环形，约公元前 2000 年作为一种装置类型的饰物出现（图1-22、1-23）。古埃及人认为，猎鹰是天界的创造神何露斯的化身，其右眼是太阳，左眼是月亮"何露斯之眼"意即"无损伤之眼"，指的是何露斯在同塞特搏斗时被挖出的眼睛，之后由月亮神托特治愈，不过这个词也可能指何露斯的右眼，那个未损伤的眼。

戒指：古时的戒指有多种用途，除了用于装饰外，还常用来在文书、信件上签盖印章。金属印章最早用于新王国时期，呈马镫形，但到了后王国时期，一种新型的金属印章开始流行起来（图1-24、1-25）。

图 1-24 法老印章戒指

图 1-25 蛇型戒指

图 1-22 饰有何露斯之眼的手镯

图 1-23 金贝壳手链

腰带：腰带是古埃及人必不可少的服饰。埃及人相信，贝壳形似女性的性器官，因此贝壳或贝壳形护身符作为腰带的一部分，佩戴在女性腹部，能保护女性不受侵犯（图1-26）。

假发：气候炎热时，剃须、修面，光头上带假发、带假胡须（图1-27、1-28、1-29），既体现尊严与权威，又清洁卫生。假发多为蓝色，最初较短，比头发稍长，以后加长。新王国时期，缠头布裹在假发上。女士的假发样式丰富，配

图 1-26 贝壳型腰带

以优美的花冠头饰，华美动人（图 1-30、1-31、1-32）。

王冠：一般用毡子和金属做成高筒状，装饰有鹰或毒蛇（图 1-33、1-34）。鹰被看做是王权的保护者。鹰饰的头部装饰代表上、下埃及，埃及人相信它是国王的保护神（图 1-35、1-36）。

鞋：用麻等植物纤维或皮革编成（图 1-37、1-38、1-39）。国王拥有金子做的鞋（图 1-40、1-41）。

图 1-27、1-28 戴假发和假胡须的男子

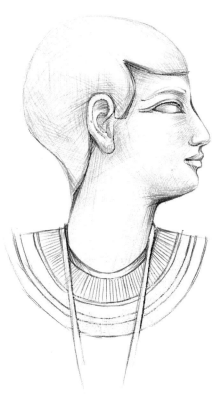

图 1-29　最初的短发饰

图 1-30　戴假发和花冠头饰的女子

图 1-31、1-32　戴假发和花冠头饰的女子

图 1-33　装饰有毒蛇和鹰的王冠

图 1-34　王后的饰有秃鹫造型的冠

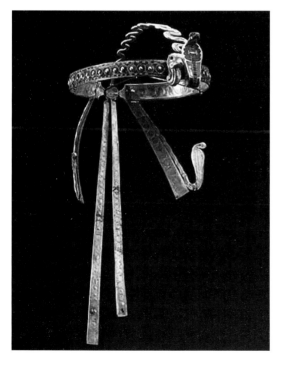

图 1-35　饰有上下埃及标志（鹰蛇）的王冠

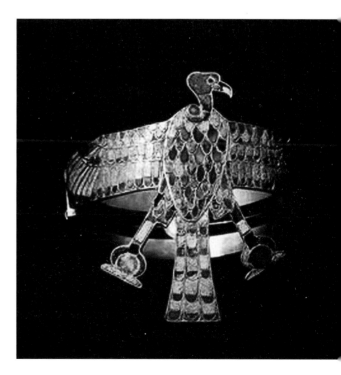

图 1-36　鹰冠

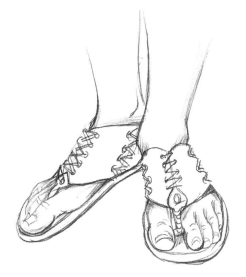

图 1-37　用皮革制成的鞋子

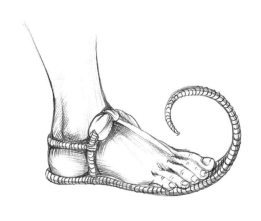

图 1-38　用草编结的鞋子

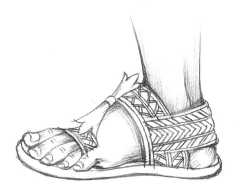

图 1-39　用麻编制的鞋子

图 1-40　国王的金拖鞋

图 1-41　穿金鞋的国王

有关鞋的来源，主流的说法是因为人类不能忍受脚底的伤口及鸡眼，首先用树皮将脚包起来，用植物做成鞋扣。再以后，用动物皮包脚，而后的鞋匠给鞋加扣环，把鞋固定在脚上来方便行走。在埃及，最古老的鞋子是用植物制的凉鞋，鞋底用藤、椰叶或草编成。

（2）巴比伦和亚述服装装饰风格

巴比伦和亚述服装有两种：一是边缘带有流苏的或长或短的袍服"坎迪斯"，一种是各种尺寸的流苏披肩。尽管巴比伦（图1-42）和亚述（图1-43）也有麻织品，但主要是羊毛织品。从图中可以看出这一时期的装饰风格十分完整，

图1-42　巴比伦神职服装

图1-43　身着"坎迪斯"的亚述国王

从头到脚全副武装，连腰带都十分精致。

主要服饰品

流苏"坎迪斯"（图 1-44）

假胡须

帽饰

凉鞋

图 1-44　流苏"坎迪斯"

2. *古希腊风格*（1500BC-100BC）

在克里特迈锡尼时期，希腊女性穿紧身胸衣以及裁剪缝制合体的裙装。臀部合体的喇叭裙长及踝骨，并有数层荷叶边或折叠花边。带有装饰的波蕾若短款精制上装，长及腰节，前开襟，胸部暴露。克里特出土的持蛇女神像就是这种装饰风格（图1-45）。

希腊本土文明期间的服装流行宽敞的造型。男女衣着相近。称为"基同"的女装长及踝骨，男装长及膝部。基同通过将长方形的羊毛或亚麻面料两侧缝合，肩部用别针固定而成。毛制多利克基同，上端折叠，腰部系带。爱奥尼克基同采用亚麻、精棉以及后来的丝绸长方形面料，在臂部用别针或纽扣连接，系好腰带后形成宽松的袖子。

"希玛申"是一种长方形毛织物的围裹。（图1-46）。

图1-45　穿紧身胸衣以及裁剪缝制合体的裙装的持蛇女神像

图1-46　亚麻基同与希玛申

主要服饰品有以下几种。

发饰

女子头发要梳起来，用缎带、头绳、发环固定，有花纹装饰。（图1-47、1-48、1-49）。

鞋履

一般赤脚，有时穿凉鞋。皮带编制（图1-50、1-51、1-52）。

制鞋艺术在古希腊时达到了巅峰，希腊人大部分用染成黑色或黄色的牛皮来做男人的鞋

图1-47　缎带固定头发

图1-48　发环固定头发

图1-49　用布包裹装饰头发

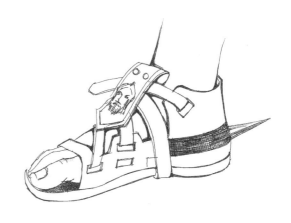

图1-50　用牛皮制成的鞋子

图 1-51　用牛皮绳和带子制成的鞋子

图 1-52　用藤草编制的鞋子

子，用白色、粉红色、嫩黄、浅绿色的皮做女人的鞋子。不论男鞋或女鞋，以皮制成的鞋子一律加上金子、银子或宝石等饰物。

贵妇及妓女为了增加自己的高度，在紫红色皮的凉鞋下面加上两层或三层的皮。在埃及发现了一只以前属于一希腊妇女的凉鞋，鞋底上钉了很多钉子，钉子排列成一字体，走路时可在地上印出一字形，意思是"跟随我"。那些妇女理想的鞋是裸露脚的凉鞋，他们喜爱有装饰的细致高雅的凉鞋，鞋子上还有金子，宝石等饰物。公元前五世纪的贵妇中，流行穿在利比亚制造的高级鞋子。妇女也穿软皮靴子。男人不喜爱凉鞋，他们喜爱短靴，或高的牛皮靴，颜色偏爱黑色及红色，回家进入家门时，都脱下鞋子。今天在进入回教寺院时，仍有此习惯。古希腊的鞋匠可能是第一个用鞋楦的，也会使用类似尖钻的工具，是直形的，如同一个真正的钻孔器。在古希腊，旅行的人穿厚底鞋，大多只有一个底，用绳子绑在脚上。

3. **古罗马风格**（500BC-400）

古罗马时期，女性主要穿斯多拉和帕拉。托嘎是古罗马时期男性普遍穿着的外袍，托嘎的作用与古希腊的希玛申相同，只是形状不同，呈半圆状，而且较大、较重，也较为复杂（图1-53）。普通人穿白色托嘎，官员、神职人员及上层社会十六岁以上的人穿带有紫色镶边的托嘎。绣金的紫托嘎则是官员、将军的礼服，也是帝王的传统服装。

不论男女，在外袍里面，都会穿相当于希腊基同的筒形衣丘尼卡。在丘尼卡里面还要穿衬衣丘尼卡（衬裙），长及膝盖，类似衬衫。女装在衬衣丘尼卡外面穿长及脚面的筒袍斯多拉（图1-54）。装饰在前中心的紫色宽带纹样克拉维显示着元老院议员的等级，而骑士服装的饰边则较窄。女装在领口及裙摆处常常配有刺绣。起初罗马服装均为本白色配以镶边，后期人们更穿多彩艳丽的服装。

图1-53　身着托嘎的男子

图1-54　身着衬衣丘尼卡、斯多拉、帕拉的女子

主要服饰品

古罗马发饰

古罗马女子的头饰主要以盘发为主，样式十分丰富，装饰以缎带发箍等（图1-55、1-56、1-57）。

古罗马男子常会用假发进行装饰，突出威严和秩序感，至今英国的法律界还沿用这一习俗（图1-58）。

鞋子

古罗马不论男女都穿着绑带鞋（图1-59、1-60、1-61）。

4. 拜占庭风格（300—1400）

拜占庭风格同时体现了希腊、罗马以及东

图1-55　用发箍装饰头发的古罗马女子

图 1-56　用绳结装饰头发的古罗马女子

图 1-57　古罗马女子精致优雅的盘发

方的影响，将罗马的悬垂服装与东方的厚质丝绸、花缎、锦缎及金丝织物的豪华结合在一起（图 1-62、1-63）。由于基督教的原因，此时人体被完全遮盖。无论男女都穿长袖直筒长袍。达官贵人外穿华丽的披风或达尔马提克，半圆形，很像罗马的托嘎。左前边缘有一块体现地位的纹饰。这是一种长方形的装饰块，镶以珠宝和金线刺绣。女性在丘尼卡外面穿斯多拉或帕拉，将帕拉翻折可以用作斗篷。男女都用珠宝镶嵌的别针或夹子将披风固定在右肩上。

主要服饰品

头饰、首饰

拜占庭时期女子发饰、头巾、王冠与首饰

图 1-58　古罗马男子富有庄重感和秩序感的假发装饰

（图 1-64 至图 1-71）

图 1-59、1-60、1-61 古罗马流行的绑带鞋

图 1-62 拜占庭帝国诺曼纳斯二世的服饰形象

图 1-63 拜占庭帝国诺曼纳斯二世王后的服饰形象

图 1-64　六世纪贵族女子用珍珠合宝石制成精美的发饰

图 1-65　六世纪贵族女子用珍珠合宝石制成精美的发饰

图 1-66　六世纪卷边无檐帽

图 1-67　六世纪佩戴精美项链和王冠的女子

图 1-68　六世纪刺绣、珍珠加宝石的奢华的王冠

图 1-69　六世纪金属加珠宝镶嵌的王后冠

图 1-70　五世纪佩戴珠宝项链和耳环的带卷边无檐帽的女子

图 1-71　五世纪贵族女子帽饰

图 1-72　十世纪帽子与头巾，领部装饰有华丽的珠宝

耳饰（图 1-73、1-74）

图 1-73　十世纪帽子与头巾，领部装饰有华丽的珠宝

图 1-74　工艺繁复而精美的耳环

男子帽饰

图 1-75　九世纪王冠

图 1-75　九世纪王冠

图 1-77　11 世纪穿军装时带的王冠

图 1-78　12 世纪高帽

图 1-79　12 世纪王冠

图 1-80　14 世纪藤编帽

鞋子

● 女士鞋子

图 1-81　镶嵌珠宝的皮鞋

图 1-82　刺绣一字带女鞋

图 1-83　珍珠加珠宝花饰的凉鞋

● 男士鞋子

图 1-84　男子战靴

图 1-85　男子软皮长靴

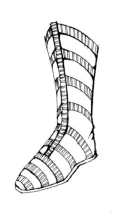

图 1-86　布和皮条制成的软靴

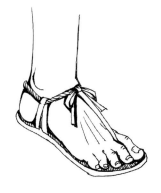

图 1-87　皮带和布绳制成的凉鞋

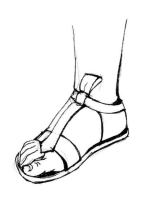

图 1-88　皮质的凉鞋

图 1-89　布质绑带凉鞋

5. 哥特风格（1250—1500）

哥特时期的服装优雅精致且复杂华丽，由专门的裁缝师缝制。典型的特征是修长苗条，设计注重腰部，色彩强调明快。男装不再与女装相似。13世纪的女装依旧非常贴体，或宽松穿着，或系腰带。到14世纪，女装的上半部分开始用系带勒紧，领口宽大，并开始采用扣子。裙子从臀围开始展开，配有很夸张的腰带。女装渐渐上下分开，上衣部分很合体。苏尔考特（surcoat）是当时很流行的外衣。袖窿开得极低直至腰线，使腰部得以体现。到哥特晚期，女装轮廓变得非常苗条。紧身的上衣V形领开得很深很低。腰线或腰带上提至胸部。裙子的后裙裾变得很长。

男装筒形衣开始变窄变短，并在前面开始使用扣子。外衣由以往长及小腿逐渐演变成了长及臀围的短外衣达布里特（doublet）。腰部收窄，前面合体，领口用扣子，或裁得很低。前胸和袖子的上半部分充填成型。领高至下巴。类似披风的外衣豪普兰德（houppelande）开始流行。长款或长及膝盖的无袖圆领斗篷曼特（manteau）披在筒形衣的外面。

主要饰品

头饰

尖顶头饰中最有代表性的是 hennin（锥状帽，图1-90），它是一种单角或双角圆锥形的高帽子，制作时用布作内芯，在外面糊以织锦、绸缎，最高的 hennin 在1米以上（图1-91、1-92、1-93）。据载，法国伊莎贝拉王后就因其角状头

图1-90　尖顶头饰中最有代表性的是 hennin（锥状帽）

图1-91　13th 黑色天鹅绒刺绣白色的缠绕帽檐 hennin

图 1-92 14 世纪的 steeple hennin（尖顶锥帽）

图 1-94 14 世纪沙普旺罩帽

图 1-93 14 世纪的双尖顶帽

饰入宫门不便，而令人改造了宫门。帽子的高度代表身份高低，"头上不长角"反倒成为人们的笑柄。尖头帽式样很多，在格陵兰 14 世纪的一种叫做 chaperon（沙普旺）的罩帽，尖端又细又长，短可垂至大腿，长可垂落及地（图 1-94）。

鞋子

中世纪的尖头鞋最早是从 13 世纪时的波兰流行起来的，后来通过英国国王理查德二世同波希米亚的安尼公主的婚礼传入西欧。当时的尖头鞋叫做 poulaine（普兰，图 1-95）。据文献记载，14 世纪尖头鞋的长度达到了极致，最长的 poulaine 有 1 米左右长，尖头鞋多余部分用苔藓之类的东西填塞（图 1-96）。由于鞋子过长妨碍行走，所以一些人将鞋尖向上弯曲，用金属链把鞋尖拴回到膝下或脚踝（图 1-97）。

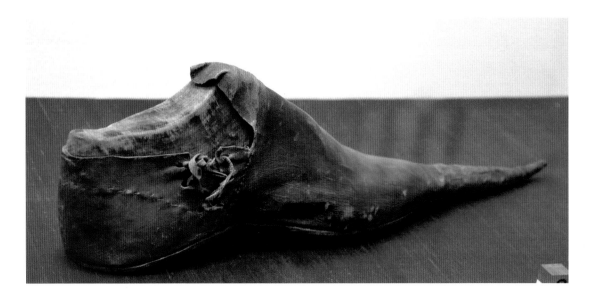

图1-95 法兰克福工艺美术馆展出的普兰鞋

图1-96 填充鞋尖的普兰鞋在木质鞋套上

另外，不同阶层的人，所穿鞋的长短也不一样。在罗马等宗教文化非常浓厚的城市，尖头鞋的长度规定为6英寸或6英寸的倍数，如12、18、24英寸等，将鞋子与宗教意义相联系（图1-98）。因为6偶合圣星期六，圣星期六是复活节前的那个星期六，对于基督徒来说，这是一个驱除黑暗迎接光明的纪念日，以6的倍数累积，象征基督教的昌盛。为了保护鞋子，常用木质鞋套套在普兰鞋的外面（图1-99、1-100）。

图1-97 将鞋尖向上弯曲，用金属链把鞋尖拴回到膝下或脚踝

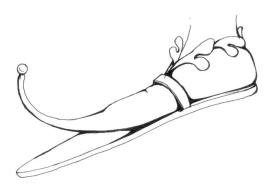

图1-98 尖头鞋的长度规定为6或6的倍数

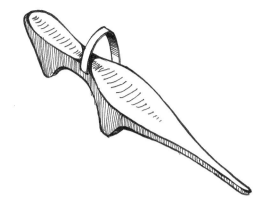

图1-99　改良鞋跟的木质鞋套

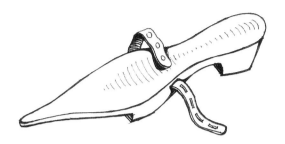

图1-100　穿在poulaine外面起保护作用的木质鞋套

6. 文艺复兴风格

　　"文艺复兴"字面的意思是再生，即重现希腊罗马时期的文明。但实际上是从中世纪向现代文明的过渡。丰富多彩的服装广泛采用锦缎、花缎及天鹅绒等华贵的面料，并镶嵌大量缎带、滚边、丝带、刺绣及花边等装饰材料。文艺复兴时期女装的主要特点是肩部窄小、腰部紧贴、臀部夸张。当时的一大创新是出现了与裙子分离的紧身胸衣。由此裙子可以在紧束腰线下方的腹部大幅度展开。与外裙在面料和色彩上有着鲜明对比色的里裙带有刺绣宽边或者天鹅绒镶边。里裙下面是裙撑。袖子与袖窿用带子系在一起，因此不同服装的袖子可以互换。到文艺复兴晚期，西班牙风格的服装优雅壮观，但也变得僵硬、不舒适，色彩也变得暗淡。男装外形宽阔以至成箱形，由衬衫、筒形外衣及紧身裤袜构成。肩部、袖子及裤子都加有人工衬垫。衬衫相当宽松，领口和袖口都有抽褶，并用金线或黑白丝线刺绣抽褶边。服装各个部位都采用切口和分片，以显露出里面不同颜色、不同面料的宽松衬衣。在文艺复兴早期，领口通常为圆形、形或方形低领，后期领口升高，并用轮状皱领装饰（拉夫领）。拉夫领越来越大、越来越挺，以至最后形成了服装的一个独立部分。

　　主要服饰品

　　拉夫领

　　拉夫领（RUff）也被称为轮状皱领，据说是法国首创，在文艺复兴时期被欧洲男女普遍采用。这种领子呈环状套在脖子上，其波浪形褶皱是一种呈"8"字形的连续褶裥。做时用细亚麻或细棉布裁制并上浆，干后用圆锥形熨斗整烫成型，为使其形状保持固定不变，有时还用细金属丝放置在领圈中做支架。这种领子因为褶皱过多过大，所以很费料。16世纪中叶以后，拉夫领在欧洲最为流行（图1-101、1-102、1-103）。

　　头饰和随身饰物

　　文艺复兴时期服饰分为：意大利风格时期服饰（1450—1510）、德意志风格时期服饰（1510—1550）、西班牙风格时期服饰（1550—1620），（图1-104、1-105、1-106、1-107、1-108、1-109）。

图 1-101、1-102、1-103　在文艺复兴题材绘画作品中穿戴拉夫领的贵族

图 1-104　16 世纪德国女子的包头头饰

图 1-105　16 世纪德国女子的发带和羽毛装饰

图 1-106　1520 年德国女子的羽毛装饰

图 1-107　1510 年德国女子的发饰

图 1-108　珍珠刺绣手袋

图 1-109　精美刺绣手袋

文艺复兴时期的女子头饰丰富而华丽，装饰手法多样而夸张，主要是以羽毛、珍珠、宝石装饰，恰到好处地与服装相呼应。随身的手袋工艺精美，多以刺绣、珠宝镶嵌作为装饰手法。

鞋子

从公元十五世纪开始，鞋匠组成了强大的工会。威尼斯的贵妇出门时流行穿高跟木鞋，后来流传到法国及英国。这种高跟的木鞋，高度实在太高了，在克雷尔（Correr）博物馆仍有收藏，有 51 公分高。因为这些鞋子和"高跷"一样，实在不便，威尼斯管理部门开始干预此事，在 1430 年 3 月 2 日下令：在威尼斯共和国境内不得穿鞋跟超过 20 公分的木鞋。这个命令很合理，因为据说那时候已发生了很多妇女严重摔倒的例子，甚至有孕妇因跌倒而流产。可惜人们不理会。因此，1520 年 5 月 8 日，威尼斯管理部门再次下令，但仍然不被人重视。在威尼斯，高跟鞋的流行和人们的生活也有关，在威尼斯

海水涨潮时，需要穿这种高跟鞋才不会把脚弄湿弄脏。

这种木鞋称为"zopieggi"（祖派吉），是很典型的时髦重于实用的例子（图 1-110）。

在伦敦及巴黎，也有人制造这种木鞋。它可算是高跟的拖鞋，鞋上有饰画，画得很精致、很美（图 1-111、1-112、1-113、1-114）。

公元十五世纪末叶，欧洲的资产阶级仍然继续使用尖而长的鞋子（图 1-115、1-116、1-117、1-118、1-119），但贵族用方而圆的鞋子，这种流行始于查理八世大帝，法国人称它为"鸭嘴鞋"，德国人称它为"牛面鞋"，查理大帝穿这种鞋子，是因为他的脚有毛病，相传他的脚有六个脚指头。这种鞋很舒服，也很高雅，多半以绒布制成，在脚背处有松软的饰物，鞋子开口，内有绸缎的裹布，并且绣有花饰（图 1-120、1-121）。另外还有一些长筒靴方便作战和骑射（图 1-122、1-123）。

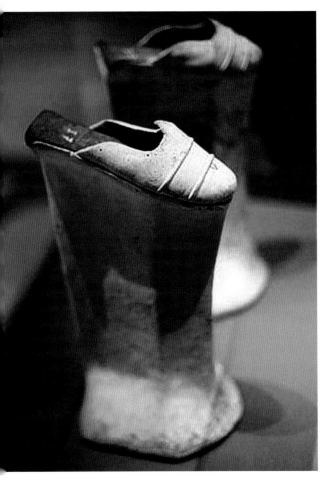

图 1-110　加拿大多伦多贝塔鞋类博物馆展出的 1550–
1600 年间的威尼斯高底鞋 zopieggi

图 1-111　17 世纪米兰的 zopieggi

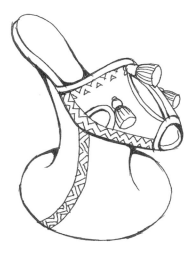

图 1-112　16 世纪带有精美饰画的高低拖鞋

图 1-113　16 世纪的高底一字带鞋

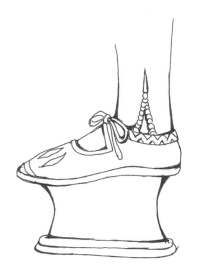

图 1-114　16 世纪刺绣饰珍珠缎带鞋

图 1-115 15 世纪

图 1-116 15 世纪

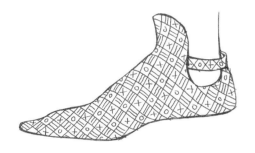

图 1-117 15 世纪

图 1-118 16 世纪

图 1-119 16 世纪早期

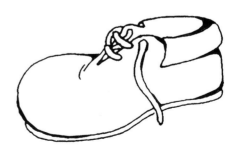

图 1-120、1-121 16 世纪贵族穿用的方而圆的鞋子

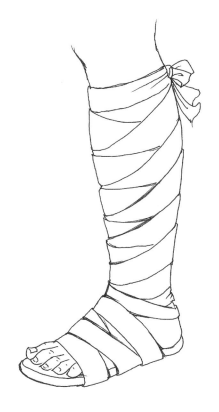

图 1-122　15 世纪早期的绑带靴

图 1-123　15 世纪早期的软底靴

第三节　服饰品的发展

20 世纪 20 年代中期，巴黎出现的女时装设计大师夏奈尔，以独创精神改变了西方妇女戴插羽毛帽子和着"母鸡笼"式的裙子的传统，设计出简洁、舒适、优美的服装，受到上流社会妇女的青睐，并统治西方时装界达 60 多年之久。夏奈尔尤其重视服装和饰物，并使首饰占据重要位置。她第一次在时装中将模特的面部化妆成棕色。40 年代，服装设计大师迪奥不仅设计了女子时装，整个地改变了妇女服饰的总体风貌，同时还设计了与服装相配的装饰附件：帽子、鞋子，第一次采用了高跟鞋和长手套，配以圆和宽的肩。80 年代，服装向着多元化方向发展，装饰物也越来越丰富。

德国特立尔学院时装教授奥腾柏格说过："欧洲时装已走到了尽头，它必须在民间服装和其他民族服装中寻找出路"。日本设计师高田贤三把他故乡的风格带到巴黎，设计了和服袖式的夹克，丝绸衬衫上用中国式的刺绣，形成了轰动一时的"日本风格"。现代时装设计大师们都纷纷在服饰上面下工夫。伊夫·圣·洛朗用深沉而有光泽的面料和常人不习惯的色彩组合，摆缝用镶边或花边这些民间手法进行特别装饰，创造了色彩艳丽的"土地—村妇型"的风格。巴黎的其他设计大师们，把墨西哥式的披巾、秘鲁式的便帽和手套、阿拉伯式的长裙、中国明清风格的套装和中国戏剧服装都用到了他们的时装设计中。

本章小结

本章以图示的方式，从人类的最初服饰状态到服饰起源的诸学说，从古希腊到文艺复兴，根据可查资料进行了尽量准确的介绍、分析，并附图示，希望有助于对服饰品历史的理解，给大家学习服饰设计一个视觉上的思路。由于时间、个人能力有限，这一部分的内容还不尽完善，随着研究的深入，会进一步的补充修订。

总之，服饰品的出现有其必然性，它代表着人类的阶级、身份、宗教信仰，有时也视为个人财产的一个组成部分，同时更是个性、修养、审美的综合体现，因此，对于服饰品起源的研究应该融入社会学的领域，探究其深层意义。

服饰品的种类很多，由于服装品的基本形态、品种、用途、制作方法、原材料的不同，各类服装品亦表现出不同的风格与特色，变化万千，十分丰富。本章主要按照服饰品的服用部位，采用从头到脚的顺序进行分类。

第一节　头颈部服饰品分类

一、头部服饰品分类

头部服饰品分类，主要分为头饰品和帽子。

1. 头饰

按品种分：簪（图2-1）、钗（图2-2）、梳（图2-3）、篦、头花、发夹、步摇（图2-4、图2-5）、插花等。具有很强的视觉装饰效果。

按材料分：贵金属、普通金属、特殊金属、名贵珠宝、普通珠宝、牙雕、角雕、骨雕、贝雕、木雕、雕漆、彩陶、土陶、釉瓷、塑料、软塑、热固橡胶、有机玻璃、绳编、绒花、缝制、皮革等。

2. 帽子

帽子，中国古称"首服"，是服装整体装扮中非常重要的组成部分。在通用英语的国家里，被称为"Hat"，印度语中称为"Chapeau"。帽子的确切概念为：由帽墙和帽檐构成的头部服用品。在现代日常生活中，帽子是头部服用品的统称，还包括一些半帽和假发套。

（1）帽子的功能分类

由于帽饰有许多不同的造型、用途、制作方法，款式也很多，因此分类的方法多种多样，目前已有的分类体系按不同的内容如下分法。

图2-1　鎏金银簪，苏州元代曹氏墓出土

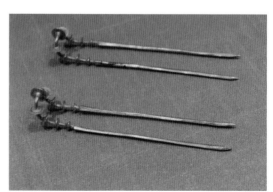

图2-2　金钗，苏州元代曹氏墓出土

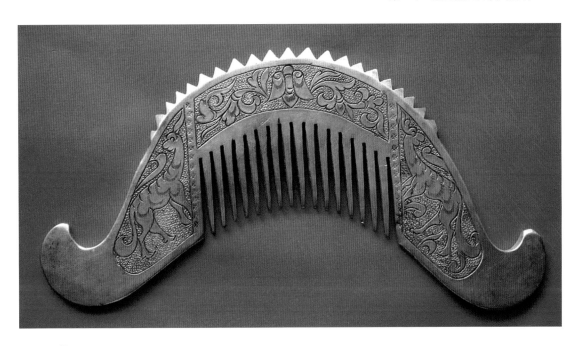

图 2-3 梳

图 2-4 步摇

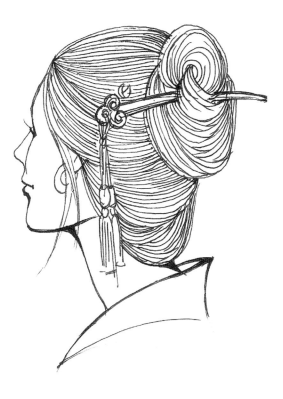

图 2-5 戴步摇的女子

按使用目的分：安全帽、棒球帽、风帽、泳帽、遮阳帽等；

按材料分：呢帽、草帽、毡帽、皮帽、钢盔等；

按季节气候分：凉帽、暖帽、风雪帽等；

按年龄性别分：男帽、女帽、童帽等；

按形态分：大檐帽、瓜皮帽、鸭舌帽、虎头帽等；

按外来译音：贝雷帽、布列塔尼帽、土耳其帽、哥萨克帽等。

（2）帽子的形状分类

圆顶礼帽

圆顶礼帽（Bowler），也称作常礼帽，是19世纪男子戴的一种便帽，第一次世界大战后在英国流行，成为正式礼帽。这种帽子适合在正式场合使用（图2-6），后来演变为女性的圆顶时装帽（图2-7）。

图2-6　圆顶礼帽的基本形态

图2-7　女性佩戴的圆顶时装帽

豆蔻帽

豆蔻帽（Toque）是源于土耳其的一种帽形，它是一种无檐帽，这种帽形适合正式场合使用（图2-8）。

药盒帽

药盒帽（Pillbox）帽身较小较浅，戴时放在头顶，多以圆形、椭圆形为主。通常有很多装饰，如人造花、纱网、珠子、羽毛等，装饰性强，一般在社交场合使用（图2-9）。

发箍半帽

发箍半帽（Hair Band），是指头上的装饰花结、装饰花、装饰物等，属于一种半帽。其形式多样，造型简单，可以在日常生活中使用，复杂的在社交场合使用（图2-10、2-11）。

罐罐帽

罐罐帽（Canotie）是一种轻便礼帽，帽身呈直立状、平顶，一般为正式场合使用（图2-12、图2-13）。

图 2-8 女性佩戴的豆蔻时装帽

图 2-9 药盒帽

图 2-10、2-11 形式多样的花饰半帽

图 2-12　罐罐帽男性形象

图 2-13　罐罐帽女性形象

钟形帽

钟形帽（Cloche）是一种流行于 20 世纪
30 年代的女帽。前檐较低，帽子像一个挂钟，
故名。钟形帽在正式场合和日常生活中都可以
使用（图 2-14）。

贝雷帽

贝雷帽（Beret），最早出现在古希腊罗马，
男女老少皆可使用。这种帽形无帽檐，有两种
最普遍的形式：巴斯克贝雷帽（帽上有带）、莫
迪琳贝雷帽（帽上无带）。贝雷帽是一种很受人
们喜爱的帽子，在 19 世纪 80 年代、第二次世
界大战期间、20 世纪六七十年代最为流行（图
2-15、图 2-16）。

图 2-14　钟形帽

图 2-15、2-16　贝雷帽

鸭舌帽

仿照 19 世纪商人帽制作而成，在有些国家仍然称它为"童贩帽"。现在称"鸭舌帽"（Casquette），是因为它的帽檐像鸭舌。鸭舌帽过去是男用帽，现在男女都可使用 (图 2-17、图 2-18、图 2-19)。

翻折帽

翻折帽（Turned‑up Hat）有几种形式，前翻帽（Breton）：帽檐前部分向上翻折；后翻帽（Tyrolean）：帽檐后部分向上翻折；全翻帽（Sailor）：帽檐全部向上翻折（图 2-20)。

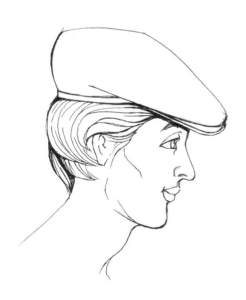

图 2-17　鸭舌帽男性形象

图 2-18　鸭舌帽女性形象

图 2-19 也有人称这类型的帽子为鸭舌帽   图 2-20 翻折帽的一种

宽檐帽

宽檐帽（Capeline）以遮阳、装饰为目的，帽檐宽大。帽檐上可以有很丰富的装饰，如纱、人造花、花结等（图 2-21、2-22）。

塔盘帽

塔盘帽（Turban）起源于阿拉伯地区以及印度。用一条长巾盘绕在头上而成帽形，有些在前面正中央用带子扎住，形成花结效果。适用于女性（图 2-23、2-24）。

罩帽

罩帽（Bonnet）是将头顶、头后部分全部包住的一种帽形，分有檐和无檐两种形式。罩帽的式样最早出现在古罗马，现在人们很少带罩帽，只作为一种居家时使用的帽子和儿童帽（图 2-25、2-26）。

伏头

即简单地覆盖头部的帽子。伏头（Hood）有两种形式：一种是与衣着相连的伏头，一种是单独的伏头。伏头在日常生活中使用较多，样式较多（图 2-27）。

中折帽

中折帽（Soft Hat）多为男子使用，帽顶中间下凹，19 世纪因英国皇太子佩戴而流行，常作为便礼帽（图 2-28）。

牛仔帽

牛仔帽（Cowboy Hat）也被称作"西部帽"，因为在美国西部长期流行戴这种帽子。特点是帽檐两边向上翻卷。过去多为男子所用（图 2-29），现在穿着牛仔装的女子也可以戴这种帽子（图 2-30）。

图 2-21、2-22 宽檐帽

图 2-23、2-24 塔盘帽的造形

图 2-25、2-26　罩帽

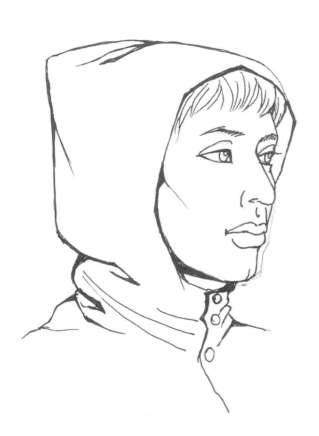

图 2-27 伏头

图 2-28 中折帽

图 2-29　牛仔帽

图 2-30　牛仔帽女性佩戴形象

斗笠

斗笠（Bamboo Hat）无帽檐帽身之分，尖顶，整个帽身呈尖形，但大小不一，形式多样（图2-31、2-32）。

（3）帽子的常用材料分类

制作帽子的材料很多，可根据不同的季节、使用场合、设计要求等选择不同的材料。用以制作帽子的材料可分为主料、辅料及装

图 2-31、2-32　斗笠的时装形象

饰材料等。

主料

主料指制作帽子的基本材料,包括编织带、帽坯、布料和皮革料等。

编织带:有用天然纤维的麦秸秆、席草、麻线等编结而成的编织带和用属于人造纤维的尼龙丝、合成纸带、人造薄膜、绳等编织而成的编织带两大类。

帽坯:以材料分,主要有两类:一类为毛绒、毛毡制品;另一类通常被称为草帽、凉帽,用线、带编织后再压制而成。

布料:与服装用材料相似。

皮革料:山羊皮、猪皮、麂皮、蛇皮等天然皮革及各类人造皮革等经过专门加工处理均可用于制作帽子。

辅料及装饰材料

帽子的里料一般根据面料质地的厚薄采用棉布和丝绸及各类化纤织物等。制作帽子的辅料有帽条、衬条、标贴、特制的帽檐、搭扣、松紧带、纽扣等。帽子的装饰材料十分丰富,有皮毛、缎带、蕾丝、羽毛、人造花以及用金属、塑料等做成的各种装饰扣、装饰带等。

二、眼部服饰品分类

眼部的服饰品,主要以眼镜为主,分为有形眼镜和隐形眼镜两类。眼镜原是实用品,它起着矫正视力、遮风防水、遮光挡尘的作用。随着设计工艺的发展,眼镜逐渐被赋予越来越强的装饰性,甚至被作为服饰的一个组成部分贯穿于服装整体之中。通过服饰的特征,以配套的眼镜饰物来突出个性、夸张服饰以及人物的性格与外形。作为服饰品的一个种类,眼镜的装饰性在服装整体搭配中能深度表达服装的风格,因此眼镜已成为服装整体搭配的一部分,是时尚个性的体现。(图 2-33)。

图 2-33 太阳镜的功能已不仅仅是遮阳的功能,是服饰的重要组成部分

有关眼镜的历史,有众多说法,所推测的起源年代也各不相同。但不可忽视的是,在久远的商周之前,已有用宝石磨成的镜片来观察星空或用来放大文字,起到眼镜的作用。

在欧洲,意大利是珠宝首饰业发达国家,也是眼镜业发展最早的国家之一。据传,于13世纪初叶,眼镜已从亚洲传往欧洲,后由意大利物理学家完善其性能,使眼镜佩戴更舒适,使用更为科学、合理。

1. 按功能性分类

按防护功能分类，有防风镜（图2-34）、潜水镜（图2-35）、太阳镜、防红外线镜、防辐射镜、变色镜等。

按辅助校正功能分类，有远视镜、近视镜、老花镜和散光镜等。

按形状分类，有方形、斜方形、扁方形、圆形、正圆形和梨圆形等。

图2-34　防风镜

图2-35　潜水镜

2. 按镜片功用分类

白片镜：也称托克光片。无色透明，透光率较好，是老花镜和深度远视眼镜的主要用片。

蓝片镜：也称克罗克司片。在日光下呈淡紫色，在白炽灯下呈淡红色。有较好的吸收紫外线和红外线的性能，适合作室外活动的近视镜片使用。

变色镜片：镜片色彩能随紫外线强度的变化而改变，是制作装饰眼镜的极好镜片材料之一。

有色镜片：常用的有绿色、茶色、粉红色等多种。这种镜片能有效降低由于强光直射后对皮肤造成的伤害，故常用于制作太阳镜镜片。

隐形接触镜片：这是一种无镜架镜片。镜片极薄极小，靠眼球上的水分紧贴在角膜上，视野不受限制，外表不易察觉，具有美化瞳孔的作用。缺点是易擦伤角膜，不便长久佩戴。

3. 按镜架的材料分类

赛璐珞镜架：色泽鲜艳，式样大方，材料轻盈。但易燃，强度较差，故价格也较低。

醋酸纤维镜架：与赛璐珞相比，其阻燃性好，强度高，并且各种颜色齐全。

注塑镜架：用高强度塑料注塑而成。质轻，色彩丰富，价格也较低廉。

秀郎镜架：采用合金与赛璐珞、醋酸纤维混合制成，造型轻巧，鼻托能随意调整角度。

金属镜架：有镀镍、镀钯、镀金和合金的镜架，其镜框大多细巧，有较高的品位感。

在现代生活中，眼镜和服装一样，对人的

整体形象起着至关重要的作用。出席不同的场合、应对不同的社交对象，应选用不同类型的 眼镜（图 2-36、2-37、2-38、2-39、2-40、2-41）。

图 2-36

图 2-37

图 2-38

图 2-39

图 2-40

图 2-41

三、面部服饰品分类

1. 按部位分类

面部装饰品主要分为面饰、鼻饰、耳饰等。

（1）面饰分类

花黄：花黄是古代流行的一种女性额饰，又称额黄、鹅黄、鸭黄、约黄等，是把黄金色的纸剪成各式装饰图样贴于额中，或是在额间涂上黄色。这种化妆方式起源于南北朝。当时佛教盛行，爱美求新的女性从涂金的佛像上受到启发，将额头涂成黄色，渐成风习（图 2-42）。

钿：与花黄相近的额饰。关于花钿的起源，有一个亦真亦假的美丽传说：南朝《宋书》中写宋武帝刘裕的女儿寿阳公主，曾在正月初七日卧于含章殿檐下，殿前梅树上一朵梅花，恰巧落在公主额上，额中被染成五出花瓣状。宫中女子见公主额上的梅花印非常美丽，于是纷纷剪梅花贴于额头，这种梅花妆很快就流传到民间，成为当时女性争相效仿的时尚（图 2-43）。

靥：面颊贴花钿的化妆术，称为面靥或笑靥。相传三国时期，吴太子孙和酒后在月下舞水晶如意，失手打伤了宠姬邓夫人的脸颊，太医用白獭髓调和琥珀给邓夫人治伤，伤愈之后脸上留下斑斑红点，孙和反而觉得邓夫人这样更为娇媚，很快宫廷、民间就兴起了丹脂点颊，而且流传后世。

美人贴：模仿古代的一种面部装饰品（图2-44）。

图 2-42 唐·捣练图中的女子形象

图 2-43 唐·舞伎图中女子形象

图 2-44 美人贴

面罩等：传统或特殊场合用的一种面部装饰品（图 2-45、2-46）。

（2）鼻饰分类

鼻饰有鼻塞、鼻栓（图 2-47）、鼻环（图 2-48）、鼻贴、鼻钮（图 2-49）等。

（3）耳饰分类

耳饰有耳环（图 2-50）、耳坠（图 2-51）、耳花（图 2-52）、耳珰等。

3. 按材料分类

金属类首饰：贵金属、普通金属、特殊金属等。

珠宝类首饰：名贵珠宝、普通珠宝。

雕刻类首饰：牙雕、角雕、骨雕、贝雕、木雕、雕漆等。

图 2-45、2-46 欧洲人在狂欢节中所戴面具

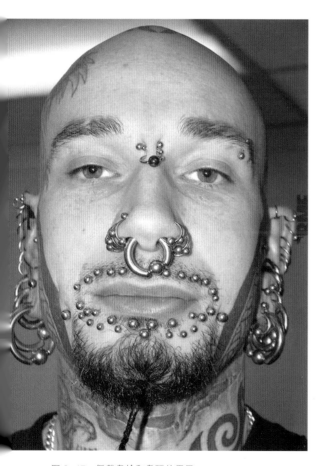

图 2-47 佩戴鼻栓和鼻环的男子

图 2-48 佩戴鼻环的印度妇女

图 2-49　佩戴鼻钮的非洲妇女

图 2-50　耳环

图 2-51　耳坠

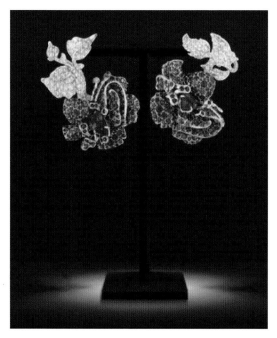

图 2-52　耳花

陶瓷类首饰：彩陶、土陶、釉瓷、碎瓷。

塑料类首饰：塑料、软塑、热固、橡胶、有机玻璃等。

软首饰：绳编、绒花、缝制、皮革、刺绣等。

四、颈部服饰品分类

颈部是人体最主要的装饰部位之一，也是服饰品的重要服用部位，主要分为项链、项圈、领带、领结等。

1. 项链

项链所处的部位在额下胸前，是人的身体最明显的地方。因此，在珠宝首饰中，项链、戒指和耳环被称为"三大件"，而在人们心目中，项链又为"三大件"的核心（图2-53）。

按结构分类，项链有如下几种：

马鞭链：马鞭链较显粗壮结实，对年龄大的

人更为适宜，主要是24K金。

双套链、三套链：都属于加工工艺复杂的项链，其特点是立体感强，雅致美观，年轻女性佩戴倍添姿色（图2-54）。

珠宝项链：装饰效果强烈，更富有色彩变化。尤被中青年女性消费群所喜欢（图2-55）。

花式链：这是近年来发展的一种新式样，其款式变化快，由粗犷的链身加变化多端的点缀碎花组成。与珠宝相结合，珠光宝气，尤显华丽高贵（图2-56）。

仿金项链：不仅款式多，造型新，而且价格适中，深受青年男女喜欢。

2. 项圈

项圈是装饰在颈部的饰品，一般以金属质地为主。

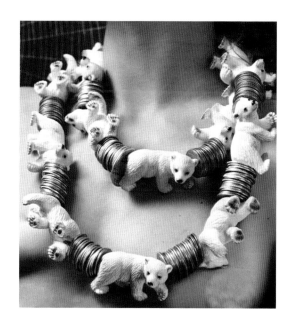

图2-53 项链占据人体的重要位置

图2-54 优雅大气的套链

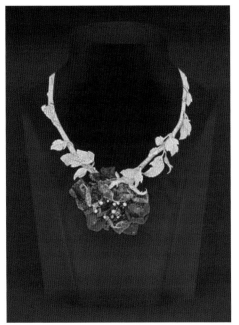

图 2-55　水晶项链　　　　　　　　　　　图 2-56　花饰项链

3. 领带和领结

　　领带和领结是从国外传入我国的一种男式装饰物，如今在女装中使用也很广泛。

　　按形状分类，有宽、窄、长、短、方头、尖头等。

　　按材料分类，有真丝织物、棉织物、丝麻织物、化纤织物、针织物及皮革材料等

　　按工艺分类，有素色、印花、绣花、压花等。

　　按系结方式分类，有打结式、拉链式等。

　　领带的设计要注意服装搭配的风格，从领带的面料、花纹、色彩、造型等方面综合考虑（图 2-57）。在选择领带、领结时，需根据服装不同的面料、质感，不同的色彩、花型来考虑，应做到色彩深浅相宜、冷暖适当，花型及面料、手感均有一定的搭配，起到衬托、点缀和装饰的效果，而不要过分夸张，喧宾夺主，这样才

图 2-57　和皮质衣服相配的细长的皮质领带

能使服装与装饰相得益彰（图 2-58）。

4. 围巾

围巾为披戴于肩颈之间的装饰物，是服饰品中不可缺少的饰物之一。围巾非常富有表现力和变换力。围巾的造型、面料、色彩极为丰富，用途也非常广泛。

按造型分类，主要以几何形为主，分为长方形、正方形、三角形（图 2-59）、圆形（图 2-60）、环形（图 2-61）等，根据不同的尺度变化，可产生丰富的造型。

按工艺分类，有手工编织、手绘装饰、电

图 2-58　领带和环境相得益彰

图 2-59　三角形围巾

图 2-60　圆形皮毛围巾

图 2-61　环形围巾

脑印花、刺绣等。

　　按材料分类，有棉、毛、丝、麻、化纤等。

　　在与服装的搭配方面，应考虑到装饰性和整体性。围巾的装饰方法也很多样，以披挂、打结、缠绕等多种形式为主，也可借助一些漂亮的饰针将其固定，有时松松散散仿佛随意而就的组合，其实已包含了佩戴者的精巧设计，体现出美的内涵。

图 2-62、2-63　真丝方巾

第二节　上肢和躯干部位服饰品分类

　　上肢和躯干部位装饰品主要是指上体部位，包括臂饰、手部装饰、胸饰和腰饰等，这些部位和服装的风格有着紧密的关系。

一、臂部

　　臂饰：指以手臂为装饰对象的饰品，主要可分为：臂钏（图 2-64）、手镯（图 2-65）、手链（图 2-66）、手铃、手环（图 2-67）等。臂部

图 2-64　民国时期的臂钏

图 2-65　手镯

图 2-66　手链

装饰我国古已有之，古今中外都有佩戴臂饰的习惯。主要包括臂环和手镯等。一般采用金属、骨制品、宝石、塑料及皮革等制成。

（1）根据材料分类

　　金属：有金、白金、亚金、银、铜、合金等。

　　非金属：有象牙、玛瑙、贝壳、珐琅、景泰蓝、塑料、彩陶、皮革等。

（2）根据制作工艺分类

　　镶嵌工艺：在金属或非金属的环上镶嵌上

图 2-67　手铃、手环

钻石、红宝石、蓝宝石、珍珠等加工而成（图2-68）。

　　皮雕工艺：在皮子上雕刻出装饰纹样。

（3）根据款式分类

　　有链式（图2-69）、套环式、编结式、连杆式、光杆式、雕刻式、螺旋式（图2-70）、响铃式等。

图 2-68 金属镶嵌工艺手镯

图 2-69 链式手镯

图 2-70

二、戒指

戒指是一种戴于手指上的装饰品。埃及人最早使用戒指，古埃及统治阶层为了将代表权力的印章随时带在身上，又避免套在手上的累赘，索性将它镶在指环上；日子久了，人们觉得男士手上的小印章非常美观，于是不断加以改进，逐渐形成了现在戒指的形态。

戒指从材料分类，有黄金戒、白金戒、银戒、钻石戒、嵌宝戒、玉戒等。黄金戒和白金戒又分为纯金戒指与 K 金戒指。钻石戒指是用金刚石镶制而成的。嵌宝戒是在戒指上镶嵌宝石。玉戒则是指用玛瑙、翡翠、新山玉、绿密玉等各种玉石材料制成的戒指。

戒指从造型上分类，有方戒、字戒、线戒、钻戒、嵌宝戒、装饰戒等。

1. 方戒

方戒的开面大，刻有立体感较强的花纹。戒指的线条块面以直线条、大块面为主。整体造型简单、大方、棱角分明。比较适合男性佩戴。

方戒一般多以18K以上的金制成，具有含金量高、份量重的特点，戴在手上很气派。方戒的戒面造型一般比较简单，但也有镶嵌钻石的方戒、刻花纹的方戒、刻字的方戒（图2-71、2-72、2-73、2-74）。

图 2-71 镶钻方戒

图 2-72 刻有纹样的方戒

图 2-73 福字方戒

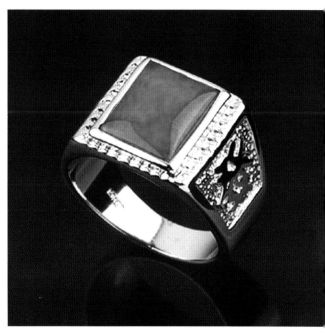

图 2-74 镶翡翠刻字方戒

2. 线戒

线戒是一种最常见、最普通的样式。其造型流畅，富有变化，适宜面广，因而倍受青睐。

线戒有如下三种样式。

一种是"光线"，即戒身上刻有菱形、波纹形、S形或者其他几何形图样的戒指。由于这种戒指所刻的花纹具有一定的闪光度，故也可称为"刻花闪光戒"。这种光线戒有粗细之分，粗型光线戒也适合男士佩戴（图2-75、2-76、2-77、2-78）。

图2-75 素线戒

图2-76 刻花镶钻线戒

图2-77 刻花粗型线戒

图2-78 刻花男女对戒

第二种线戒是"钻石线戒"，一般在戒身上并列镶嵌五颗小钻石。由于小钻石排列成一线，形成一种流畅、精致的造型。钻石线戒不仅造型秀美，并且由于钻石的闪光而显得无比雅致（图2-79、2-80、2-81、2-82）。

图2-79　镶五钻男女对戒

图2-80　镶单钻男女交叉线对戒

图2-81　镶钻花式线

图2-82　侧镶钻线戒

第三种线戒是"阔条",其造型以方、正为主要特点,比较适合男士佩戴(图2-83、2-84、2-85、2-86)。

图 2-83　阔条戒

图 2-84　雕龙阔条戒

图 2-85　镶嵌翡翠阔条戒

图 2-86　镶钻阔条戒

3. 名字戒

在戒面上刻有各种字，如"福"、"禄"、"寿"、"吉"等等。刻字的戒面有方形、菱形、圆形、椭圆形等。制作名字戒的材料以金、银为主（图2-87、2-88、2-89、2-90）。

图 2-87　福禄寿字戒

图 2-88　镂空福字戒

图 2-89　个性字戒

图 2-90　CUCCI 黄金镂空字戒

4．钻戒

在戒身上镶嵌钻石的戒指称为钻戒。镶嵌的钻石有单粒的，也有多粒的。造型亦十分丰富，有的用小钻石组成一朵主花形，有的是主花与陪衬花组合而成（图 2-91、2-92、2-93、2-94）。

图 2-91　创意钻戒

图 2-92　单粒钻戒

图 2-93　多粒造型钻戒

图 2-94　组合造型钻戒

5. 玉石戒

用翡翠、玛瑙等玉石原料制成的戒指，在色彩与造型上别有一番情调。玉石戒由于原材料本身的色泽与质感不同，呈现出的戒指造型与色彩美感也是很有特色的（图2-95、2-96、2-97、2-98）。

图 2-95 包镶寿字玉戒

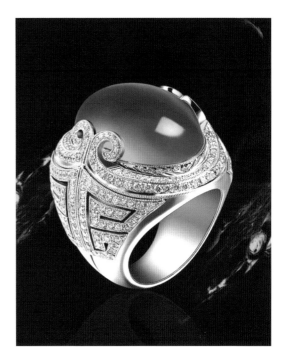

图 2-96 翡翠玉戒

图 2-97 玛瑙玉戒

图 2-98 翡翠戒箍

6.嵌宝戒

在金戒身上镶嵌各种宝石的戒指称为嵌宝戒。宝石的造型有椭圆形、方形、多边形等。

有整块的宝石镶嵌，也有用整块与小块组合镶嵌（图2-99、2-100、2-101、2-102）。

图2-99　嵌蓝宝戒指

图2-100　多种宝石组合镶

图2-101　绿宝碎钻组合镶嵌

图2-102　琥珀镶嵌戒指

7.装饰戒

装饰戒也称作艺术戒，是近年来发展很快，也十分受欢迎的一种饰品。

佩戴首饰虽然有许多传统的习惯和所谓的规范，但每一个时期都会产生与这个时代相一致的审美观念和审美情趣。在现代，年轻人除了订婚、结婚受传统影响而佩戴正式的、贵重的戒指外，平时，则是将戒指的佩戴作为一种与服饰装扮配套的饰品，作为一种装饰趣味的表现，代表了人的品位与风格。因此，各种材料、各种造型的新颖戒指应运而生。

这种艺术戒指并不注重原材料的贵重与否，而在于款式设计的新颖、别致、奇特，以及色彩的巧妙运用。如面具戒指、生肖戒指、抽象图案戒指等。这种戒指由于要强调造型的奇、新、怪，往往戒面较大。有的戒指甚至是组合型的，可以拆开形成两枚单独的戒指，合并后又形成另外一种造型。这样，就可以根据不同的服饰、环境来变换手部的装饰。装饰戒由于材料丰富，价格相对较低，而且造型美观奇特，十分受年轻人的喜爱（图2-103、2-104、2-105、2-106、2-107）。

图2-103 建筑创意戒指

图2-104 植物创意戒指

图2-105 仿生形态戒指

图2-106 骷髅个性戒指

随着科技的发展，戒指不断显示新的使用功能，如保健戒指、音箱戒指、放大镜戒指、放香烟戒指、照相机戒指等（图2-108、2-109、2-110、2-111）。

图 2-107 花式钻戒

图 2-108 照相机戒指

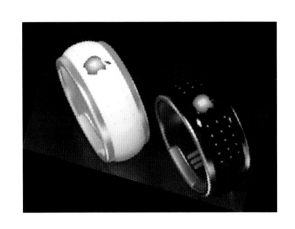

图 2-109 音箱戒指一

图 2-110 音箱戒指二

图 2-111　音箱戒指三

三、胸饰

胸饰可分为胸针、胸花、别针、领花（图 2-112）等。

胸针是人们用来点缀和装饰服装的饰品。早在古希腊、罗马时期就开始使用，那时称为扣衣针或饰针。到了拜占庭时期，出现了各种做工精巧、装饰华丽的金银和宝石饰针，成为现代胸针的原型。胸针的造型精巧别致，设计较为具象，样式常来自昆虫（图 2-113）、动物、花卉植物（图 2-114）和抽象符号。珍贵的胸针其材料多为黄金、白金、白银等贵重金属镶嵌贵重宝石，普通的胸针大都用合金或合金镶嵌水钻、珠子、人造宝石和彩石等（图 2-115）。

图 2-112　赫本演绎的胸针

图 2-113　笑望蝶胸花

图 2-114 树叶胸针　　　　　　　　图 2-115　CUCCI 黄金镂空戒指

四、腰饰

腰带又称皮带、裙带等。腰带是一种束于腰间或身体之上，起固定衣服和装饰美化作用的服饰品。它与服装一样有着古老而悠久的历史，在着装方面起着重要的作用。腰带还包括缠于胸间的束带、臀带等。如今的人们注重腰带的美观和实用性，注重腰带在服装上的整体效果。腰带款式众多、造型新颖独特，是服装整体中不可缺少的组成部分，成为品位、气质的象征。

腰带有如下分类。

紧身链状带：由一连串链圈组成的装饰性腰带。绕于身上，用带钩扣合于腰部。曾流行于20 世纪 60 年代末。

链状腰带：是用金属或塑料制成的链式带，通常在腰部使用带钩扣合。

流苏花边腰带：由绳线编结而成。一般以多股绳线编结出各式花结，宽窄不定，加上扣襻作为腰带，加上流苏可以束结。还可以在上面缀饰珠子和亮片（图 2-116）。

宽腰带：又称宽带，是一种紧身宽带。一般由金属、皮革、松紧带等材料制成，比较宽，扣合于正前腰部。20 世纪 50 年代和 70 年代很流行（图 2-117）。

牛仔腰带：是以皮革制成的宽腰带。腰带上压印花纹图案，有的有铜钉装饰，原来附有的手枪皮套现已被省略。皮带的分量比较重，腰带前端为钢制回形钩，另一端为数个铜扣眼，曾流行于 20 世纪 70 年代。

柔道腰带：是用于柔道服装上的长腰带，又称"宽腰带"。通常由质地较重的斜纹织物制成。

图 2-116 流苏花边腰饰   图 2-117 宽腰带

柔道选手的级别以腰带的颜色加以区分：黑色腰带代表最高水平，棕色腰带代表中等水平，白色腰带代表选手为新手，此外还有其他颜色分别代表各种等级。

印度腰带：是印度男女所佩戴的束衣宽腰带。一般采用宽幅布料制成，结好后有襞裥。女用束带选用柔软、抽褶织物制成，束在裙子或外套上。男用腰带较宽，织物前部有褶皱，后部较窄，在腰间缠绕数圈后于腰侧或背后打结。

和服腰带：和服腰带用于和服束腰，通常佩戴在胸部下方。另有一条狭窄的细腰带系于宽腰带之上，在腰带的后方系成各种漂亮的花型（图 2-118）。

臀围腰带：束于臀围线上而不是束于腰部，有宽有窄，上加许多装饰物，多用于上衣、迷你装等服装。

吊裤带：为使裙、裤不滑落而从肩部向下扣紧在裙带或腰带上的吊带。通常为一对，肩部交叉或加横襻，多以机织物或花边织物、皮带制作，男士与儿童常用于吊裤，女士常用于吊裙。

金属腰带：以装饰为主要目的，用金属制作而成，多用于新潮、前卫型服装上（图 2-119）。

双条皮带：以两条皮带并排装饰的腰带。以皮革制成，有的皮带中间留有缝隙作为装饰。

珠饰腰带：在皮革或布制腰带上缀满珠饰亮片的一种腰带。比较宽，珠饰按色彩或形状排列出花纹图案，多为装饰之用（图 2-120）。

腰链：以单层或多层链条组成，多为金属制作。在链状结构中还可以悬垂流苏珠饰，用于新潮时装及舞台表演装，装饰性很强（图 2-121）。

带扣腰带：带扣腰带的带扣原是日本女式和服上的装饰扣，后来逐渐演变成了装饰品。在 2 厘米宽、90 厘米左右长的丝绸带子上装饰上 10 厘米长、3 厘米宽的装饰扣，扣的材料主要是金、银、钻石、翡翠、玛瑙、珍珠等高档饰物。

图 2-118　和服腰带

图 2-119　金属佩饰腰带

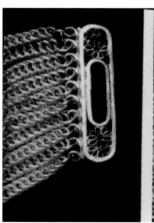

图 2-120　珠饰腰带

图 2-121　链饰腰带

第三节　脚部服饰品分类

一、脚饰

脚饰即脚部饰品。用饰品装饰美足并不是今天时尚的新宠，据莫高窟壁画查证，早在我国唐朝就已经盛行佩戴脚饰（图 2-122），在明代的佛教雕像上也可以看到佩戴脚饰的形象（图 2-123、2-124），印度民间至今还流行脚饰（图 2-125、2-126），美国的夏威夷土著佩戴鲜花作为脚饰（图 2-127、2-128）。

脚饰一般在夏季佩戴，可以修饰美化脚踝部，可以吸引人对佩戴者腿部和步态的注意，使一双玉足显得更为娇人可爱，是当前比较流行的一种饰物，多受年轻女士的青睐，主要适合在非正式场合。

图 2-122　敦煌莫高窟中佩戴脚饰的人物形象

图 2-123、2-124　明代佛教人物佩戴脚饰的形象

图 2-125、2-126　印度妇女佩戴脚饰的形象

图2-127、2-128　夏威夷女子佩戴鲜花作为脚饰

脚饰按材质分类，可分为贵金属、金属、水晶、琥珀、锆石、水晶、线性材料以及其他合成材料等。

脚饰按造型分类，可分为脚钏、脚镯、脚链（图2-129）、脚铃（图2-130）和脚部戒指（图2-131）等。

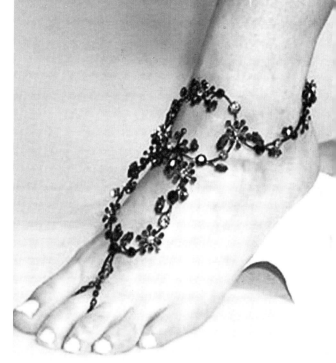

图2-129　花式脚链

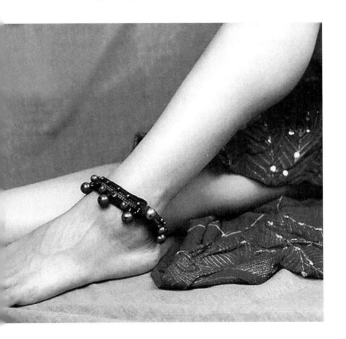

图2-130　脚铃

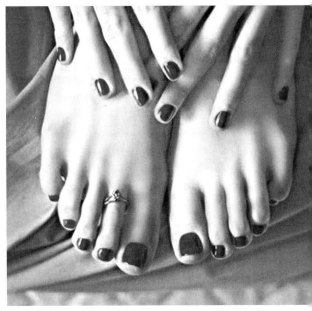

图2-131　脚戒指

二、袜子

袜子也是脚部装饰的一个重要组成部分，其功能不仅仅是保暖和防护，是服装整体重要的装饰部分。

按样式分类，有跟袜、无跟袜、分趾袜等。分趾袜也称二趾袜，大脚趾与其他四个脚趾分开。日本称"足袋"，方便穿木屐，现在便于穿人字拖等。

五指袜是近年流行起来的袜子，有利于脚部健康，防止细菌传染，又因形象可爱，颇受年轻人喜爱。

按材料分类，有棉袜、丝袜、尼龙袜、毛袜、棉布袜等。

按穿着功能分类，有长筒袜、中筒袜、船袜、时装袜和保健袜等。

按款式分类，有常规款、踏脚款、踩脚款、加档款和T字款等。

按功能分类，有塑身美体、收腹提臀和香薰护理等。

按厚度分类，有轻薄、微厚、中厚和加厚等。

按风格分类，有简约、复古、性感、奢华等。

三、鞋子

鞋子的种类很多，鞋子分类时一般将男鞋和女鞋分开，以原材料的使用、穿着功能、季节特征及造型等方面为特征进行分类。

以原材料分类，有草鞋、麻鞋、布鞋、锦鞋、胶鞋、木鞋、皮鞋等；

以穿着功能分类，有运动鞋、拖鞋、劳保鞋、舞蹈鞋、旅游鞋、马靴等；

以季节特征分类，有凉鞋、棉鞋、保暖鞋等；

以造型特点分类，有平底鞋、高跟鞋、高

帮鞋、浅口鞋、厚底鞋、坡跟鞋、尖头鞋、方头鞋、圆头鞋等；

以年龄性别分类，有童鞋、中老年鞋、男女式鞋等；

以鞋帮的长短分类，有拖鞋、凉鞋、低帮鞋、短靴、中筒靴、长筒靴等。

女鞋的种类

浅口鞋（Pumps）

脚面露出的部分较多，无金属扣和纽带，前帮较短的鞋（图 2-132）。

船鞋（Cutter Shoes）

低跟浅口鞋，因造型像小船而得名（图 2-133）。

呆跟鞋（Slip Back Pump）

后跟帮部分镂空、用带子系住的浅口鞋（图 2-134）。

露趾浅口鞋（Open Toe Pumps）

露出脚尖部分的浅口鞋，也称前空后满浅口鞋（图 2-135）。

侧空浅口鞋（Open Side Pumps）

侧面镂空鞋帮的鞋，可以与正装相配（图 2-136）。

中 V 型浅口鞋（D'Orsay）

前后鞋帮满，中间两侧呈 V 字形的浅口鞋，也有前后交错中空式的。多用绒面革和真丝缎、锦缎等高级的材料制作。是豪华型的鞋，与正装相配（图 2-137）。

图 2-132 浅口鞋

图 2-133 船鞋

图 2-134 呆跟鞋

图 2-135 露趾浅口鞋

图 2-136 侧空鞋

图 2-137 中 V 型浅口鞋

中空浅口鞋 (Separate Pumps)

前后部分满中间部分空的一种鞋，它的用途广泛，与正装和休闲装都可以搭配（图2-138）。

一带式浅口鞋（Instep Strap）

在鞋帮的中央脚背处，有袢带的浅口鞋。袢带为一字形的称为"一带式浅口鞋"；鞋带构成T字形的称为"丁字形浅口鞋"；无后帮，在踝部系带的称作"踝带鞋"（图2-139）。

拖鞋（Mule）

一种无后跟的鞋，盖住脚前部分，这种鞋在室内、室外均可使用（图2-140）。

带穗三截头鞋（Kiltie Tongue）

鞋舌像褶子似的三接头式的鞋，鞋舌纵向剪成齿状，鞋舌能遮住鞋带的扣眼，是一种传统式样的鞋（图2-141）。

镂花皮鞋（Brogue）

整个鞋子用镂空装饰和锯齿饰边，鞋跟用皮革粘在一起形成，这个样式既适用于女式鞋，也适用于男式鞋（图2-142）。

无带鞋（Slip-on Pumps）

又称轻便鞋，在前帮盖部分大都有U字形缝埂，是鞋子设计的基本形状（图2-143）。

横条舌式鞋（Coinloafer）

鞋的前帮盖上有U字形装饰线，横条的中央有细长的切口，并且在切口处夹入圆形饰物，是一种无带的轻便鞋，鞋跟较低（图2-144）。

前后中空满式凉鞋（Plat Shoes）

露脚趾和后脚跟的鞋型，它的特点是轻便，穿着舒适，是一种休闲鞋（图2-145）。

凉鞋（Sandal）

脚露出部分较多的鞋的总称，为夏季使用的鞋，可用牛皮、塑料、布料、麻等材料制作（图2-146）。

图2-138　中空浅口鞋　　　　图2-139　一带式浅口鞋　　　　图2-140　拖鞋

图2-141　带穗三截图头鞋　　　图2-142　镂花皮鞋　　　　图2-143　无带鞋

靴（Boots）

鞋帮盖过踝骨的鞋统称为靴。鞋帮高低不限，在小腿以下的称为矮帮靴，在小腿以上的称为高帮靴（图2-147）。

鞋帮形式分类

半覆式、全覆式、拼接式、条带式、镂空式、编织式、运动式等。通常条带式、编织式、网面式、镂空式、拼接式、半覆式用在春秋两季，全覆式则常用在秋冬季节。

半覆式

鞋帮只覆盖脚尖部分的鞋子称半覆式鞋子。半覆式鞋帮是鞋子造型设计中使用最普遍的形式之一（图2-148、2-149、2-150）。

半覆式鞋适合各种年龄层次的人穿用，是春夏秋三季的常用鞋，使用率最高。半覆式鞋帮也可以与前空、后空、侧空、拼接、编织、镂空、条带等形式结合起来，其形式很丰富。

全覆式

鞋帮前部覆盖住脚背的鞋子称全覆式鞋子。全覆式鞋子是秋冬季常用的鞋子类型，在设计上应考虑鞋子是否合脚，男鞋鞋体较宽大，女鞋鞋体较窄小，如果是冬季使用的保暖性鞋，鞋子的空间应比脚体稍大一些，便于穿厚保暖袜（图2-151、2-152、2-153）。

全覆式可以与拼接式、编织式相结合，形成多种造型的鞋子式样（图2-154、2-155、2-156）。

图2-144　横条舌式鞋

图2-145　前后中空式凉鞋

图2-146　高水台凉鞋

图2-147　靴

图 2-148   高水台半覆式时装鞋

图 2-149   半覆式凉鞋

图 2-150   半覆式时装鞋

图 2-151   全覆式系带鞋

图 2-152   全覆式休闲鞋

图 2-153   全覆式高跟鞋

图 2-154   全覆式编织拼接鞋

图 2-155   全覆式时装鞋

图 2-156   全覆式短靴

拼接式

鞋帮用一种或多种材料拼接而成。拼接式的特点是用各种分割线形成独特的风格。分割线设计可沿袭传统的式样，也可以创造新的式样。设计时应当考虑不同色彩、不同材质的拼接效果。色彩鲜艳且多色的拼接，适合紧跟时尚的年轻人。作为上班人员使用的鞋子，拼接的色彩不宜太多，这样显得稳重一些。拼接式鞋子可以与前空、侧空、半覆式、全覆式相结合（图2-157、2-158、2-159）。

条带式

指鞋帮由条带组成的鞋子。条带式的特点是：脚露出的部分较多，一般适合夏季使用。条带式可以与前空、后空、侧空、编结、拼结、半履式鞋帮相结合（图2-160、2-161、2-162、2-163、2-164）。

镂空式

在鞋帮上打花孔的鞋成为镂空式鞋。花孔的形式各异，但应注意不要影响鞋面的牢度。用带花孔面料制作的鞋也属于镂空式，这类鞋子很精致，一般作为正式场合或上班用鞋，在春夏秋季使用较合适。

镂空式可以与半覆式、全覆式、前空、后空、侧空等形式相结合而形成更丰富的样式（图2-165、2-166、2-167、2-168）。

图2-157 金属皮革拼接

图2-158 拼接式平底鞋

图2-159 拼接式高跟鞋

图2-160 条带式高跟凉鞋

图2-161 条带拼色高跟凉鞋

图2-162 条带式平底凉鞋

图 2-163　高水台条带式时装鞋

图 2-164　高水台条带式罗马鞋

图 2-165　镂空系带鞋

图 2-166　镂空网面装饰鞋

图 2-167　皮雕镂空凉鞋

图 2-168　高水台镂空时装鞋

编织式

鞋帮用绳带、纺织品、皮革条、麻绳等材料编织成的鞋子称编织式鞋。这类鞋子的特点在于编织的肌理效果和工艺感。不同的编织方法可以使鞋子展现不同的视觉效果，适合在多种场合使用。

编织式可以与前空、后空、侧空、半覆式等结合。

运动式

20世纪初才出现的运动鞋，到现在已发展成式样多、分类细的一种专用鞋。运动鞋包括足球鞋（图2-169）、篮球鞋（图2-170）、网球鞋（图2-171）、跑鞋、运动型休闲鞋（图2-172）等。

图2-169　足球鞋

图2-170　篮球鞋

图2-171　网球鞋

图2-172　运动休闲鞋

运动鞋的特点是：合脚度高，鞋底弹性好，鞋底和鞋帮的材料较轻。运动鞋的帮面以拼接式为主，拼接的分割线呈流线型。

三、鞋筒形式分类

鞋子位于脚踝骨以上的部分称鞋筒。鞋筒有高矮之分，鞋筒在踝骨上 2～3cm 的称低筒鞋，鞋筒高出踝骨 15cm 左右的称中筒鞋，鞋筒高出 20～30cm 的称高筒鞋或靴子。

鞋筒的设计可从几个方面进行：鞋筒造型、鞋筒和鞋筒中的装饰。

鞋筒造型分直线和曲线两种：直线型鞋筒从上至下外轮廓呈直线状；曲线型鞋筒外轮廓呈曲线状，一般与小腿弧线相合。带鞋筒的鞋一般多使用于秋冬季。鞋筒高于小腿且用毛皮装饰的靴一般在户外使用。正式社交场合穿用的靴其鞋筒造型紧贴腿部，显得干练，而不适合设计成鞋筒长而肥大的造型。鞋筒也可以采用同种面料或不同面料的拼接式。

鞋筒的造型设计与所用材料有关，可分为硬质地和软质地。软质地的鞋筒口处可设计成向下翻折的样式。如果是高筒靴子，鞋筒面积较大，可做一些分割处理或装饰，同时要考虑整体效果（图 2-173、2-174、2-175、2-176、2-177）。

图 2-173　高筒铆钉靴

图 2-174　高筒豹纹靴

图2-175　高筒系带装饰靴　　　　　图2-176　中筒毛皮饰边靴　　　　　图2-177　短筒靴

四、鞋底与鞋跟的形式分类

与脚底接触的一面称鞋底，因为鞋底是连着鞋跟的，所以通常作为一个整体来设计。鞋底与鞋跟是鞋子的支点，是鞋子造型的重要组成部分。

女式鞋的鞋跟有4种高度：1厘米以下（平跟），2～3厘米（矮跟），3.5～6厘米（中跟），7～10厘米（高跟）。

鞋底与鞋跟的造型从宽度、厚度和外形上加以设计。鞋底有宽有窄，根据男女老少及各种足形的特点加以设计变化，一般男鞋鞋底较宽大，而女式的鞋底较细窄。鞋底厚度的造型变化非常大，主要在于厚度与跟部的变化。

鞋跟的高度、宽度、厚度都随着人们的喜好不同有不同的设计。如细而高的鞋跟讲究线条的挺拔和流畅；细而矮的鞋跟要求造型精致不显粗笨；粗大的鞋跟一定要与鞋的其他部位协调，使整个鞋子有厚实牢固的感觉（图2-178、2-179、2-180、2-181、2-182）。

1. 花结、人造花

花结装饰只在女鞋中使用，一般将花结钉在鞋前口处。花结可用与鞋帮相同的材料制作，也可以用不同的材料制作。

花结装饰的鞋子可以作为较正式场合和上班时穿的鞋。人造花装饰的鞋子通常在华丽的场合和居家场合中穿用。用纺织品面料做的室内休闲鞋，可用人造花作装饰。用皮革做的鞋子配上人造花，适合在正式的社交、节日、舞台等场合中穿用（图2-183至图2-188）。

2. 刺绣

刺绣通常用在女鞋和靴子的装饰上。刺绣分机绣和手绣两种，传统的鞋子用手绣，在机械化普及的今天，一般都采用机绣（图2-189、2-190）。

3. 皮毛饰边

在男女鞋靴中都可以使用这种方法。在秋冬季使用的鞋靴上采用毛皮装饰，有温暖之感。

图 2-178　平跟金属装饰鞋　　　　图 2-179　高水台坡跟鞋　　　　图 2-180　坡跟鞋

图 2-181　中跟鞋　　　　图 2-182　超高跟鞋　　　　图 2-183　花结装饰鞋

图 2-184　珠花装饰鞋　　　　　　　　　　图 2-185　皮革珠花装饰鞋

图 2-186　珠饰鞋　　　　图 2-187　人造花饰鞋　　　　图 2-188　人造花与珠饰结合装饰鞋

图 2-189　刺绣装饰鞋

图 2-190　刺绣装饰凉鞋

在夏季使用的鞋子上用少量的毛皮装饰，有华贵之感，适合在晚会、酒会上穿用（图 2-191、2-192、2-193）。

4. 宝石、标牌、饰物、羽毛

宝石（人造宝石或真宝石）可以镶嵌在鞋面上作为一种装饰。

把用金属制作的标牌钉在鞋上是比较常见的一种装饰手法。有些标牌正是该鞋的品牌标志，这样既宣传了品牌，又起到一定的装饰作用。装饰小品，这种方法在男女鞋靴上都可以使用（图 2-194、2-195）。

图 2-191　毛皮饰边鞋

图 2-192　毛皮饰边凉拖鞋

图 2-193　毛皮饰边一字带鞋

图 2-194　人造宝石装饰高跟鞋

图 2-195　人造宝石装饰凉拖鞋

五、鞋子的常用材料分类

做鞋子的材料分为三大类：面料、里料、填料。

面料主要包括：天然皮革、合成皮革、布料、乙烯塑料、仿绒面料等。

做鞋帮里的材料有：里皮、化纤面料、棉布等。里皮是厚牛皮削去外层剩下的一层皮，两面起绒。皮质柔软，但牢度不强，只适合做鞋帮里料和鞋底最贴脚的那一层。现在用各种化纤面料做鞋里的情况也很常见，一般作为秋冬季鞋和运动鞋的里料。棉布一般作为婴幼儿鞋和室内拖鞋的帮里。

填料通常用在冬季的鞋子里。腈纶棉、薄海绵等常用来做鞋子的填充料，目的是为了增强鞋子的保暖性。

第四节 包袋分类

一、包袋概述

包袋以实用为主要目的，它主要解决人们收集、携带、保存物品的需要。随着社会的发展，包袋被赋予了审美功能。现代社会中，随着新型材料的发掘和应用，加工技术的不断改进，缝制工艺的不断提高和完善以及人们对包袋进一步的审美需求，包袋饰品在实用的基础上变得更为美观、更引人注目。

二、包袋的用途分类

包袋的款式和种类很多，根据不同的要求，分类的方法也不同，可按用途分类、按装饰方法分类、按造型分类、按材料分类等。其中按用途分类的方法比较合适，因为包袋的用途决定造型，决定包袋的大小、材料、装饰等。

女士用包

女士上班、访客、外出时携带的一种较正式的包型，包体不大且不厚，比较轻巧、精致（图2-196、2-197、2-198）。

背包

一种双肩背包，有方底和圆底两种。背包是人们外出时携带的一种包，它的包体比女士用包大些（图2-199、2-200、2-201）。

迪包

一种双肩背包，包体较小，常用皮革、人造革、帆布、厚斜纹布制作，年轻人常用，包上常用金属扣、钉装饰。（图2-202）

腰包

因常捆在腰间而得名。包体不大，常用皮革、牛仔布等面料制作，形式多样。有单独的包（无带），有含捆带的包。腰包的作用是放一些比较贵重的小物品（如信用卡、现金等），在外出旅游和日常生活中都可以使用，常与便装搭配（图2-203）。

公文包

表面无多余装饰，多用皮革制作，内有隔层，为放各类文件或手提电脑而设计。公文包一般与正式的上班着装相配。

宴会包

一种装饰性很强的包，包体不大，有手提式与腋夹式。一般是女士出席正式社交场合携带。常采用人造珠、金属片、金属丝、刺绣图案、花

图 2-196　女士用公文包

图 2-197　女士用手提包

图 2-198　女士用小挎包

图 2-199　女士长背带包

图 2-200　女士背包

图 2-201　双肩背毛皮装饰包

图 2-202　豹纹装饰迪包

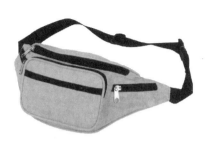

图 2-203　腰包

图 2-204　人造珠饰宴会包

图 2-205　穿珠装饰宴会包

图 2-206　金属创意造型宴会包

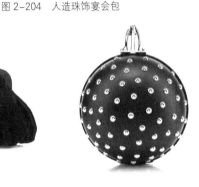

图 2-207　人造宝石创意造型宴会包

边等装饰（图 2-204、2-205、2-206、2-207）。

化妆包

女士专门用来盛放化妆品的一种包，常用棉布绸缎等制作，多用花边缎带等装饰。有的化妆包盖里面还装有一面小镜子。

沙滩包

一种休闲布包，外出郊游时携带的便包。常采用棉、麻、牛仔、草等材料制作，并常用拼接、布花、刺绣等装饰手法（图 2-208、2-209）。

皮夹

通常用各种皮革制作，一般放在服装内袋或随身携带的包内。内有夹层。

相机包

专门用于放照相器材的一种包。这种包有内层，用较硬的材料制作以防器材受损。相机包外形呈方形，轮廓分明。包内有隔层，以防器材互相碰撞。

行李包、旅行包

一种体积较大的包型，可为外出旅游时装行李，分手提式和双肩式，它的特点是结实耐磨。手提式一般用皮革、牛津面料制作。双肩式一般用防水面料制作，包的自重轻，但耐磨（图 2-210、2-211）。

单肩挎包

一种包体不大且较轻薄的包型。单间挎式背带较长，是一种休闲包。用于制作这种包袋的材料很丰富，各种皮革和各种布都可以，还可以用编织。包体上的装饰手法多样，有刺绣、流苏、穗子、珠串绣等，是年轻人喜爱的一种包（图 2-212、2-213、2-214）。

图 2-208　棉麻沙滩包

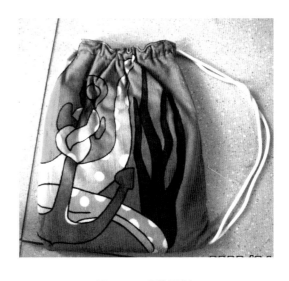

图 2-209　便携沙滩包

图 2-210　行李包

图 2-211　手提拉杆行李包

图 2-212　单肩背包

图 2-213　单肩珠绣装饰包

图 2-214　单肩拼饰包

三、包袋的装饰方式分类

可以用在包袋上的装饰有很多，包括缎带、花边、立体花、拼接、金属钉、金属片、珠子、珠片、羽毛、刺绣、标牌等。下面分别介绍每种装饰的特点和其通常适用的包型。

1. 缎带、花边、编织、立体花

缎带、花边常用来装饰化妆包、单肩挎包、宴会包。缎带可做成花结来使用，也可以直接使用。花边有几种：蕾丝花边、织花花边、抽褶花边、电脑刺绣花边、激光镂空花边等。蕾丝花边和单色的电脑刺绣花边可以装饰风格雅致的包袋，如化妆包；带民族风格的花边常用来装饰单肩挎包等（图2-215）。

编织作为一种包袋的装饰手法，它的设计创意比较自由，形式多样，可用来装饰各种造型的男女式包袋（图2-216）。立体花就是用纺织品面料仿照真花造型制作的花，常用在沙滩包、宴会包、化妆包的装饰上，都是女性使用的包。做立体花的材料可以与包的材料一致，也可以不一致（图2-217、2-218）。

图2-215　缎带装饰包

图2-216　皮条编织包

图2-217　立体花饰手提包

图2-218　皮革立体花饰包

2. 拼接

拼接有两种形式：一是将面料拼接用来做包面，一种是局部拼接图案。拼接面料做包面的方法可以用在多种包型中。拼接图案一般用在沙滩包、筒包、单肩挎包、腰包、化妆包、皮夹等包型上，多为女士用包。利用碎布零料经设计拼接后制成的包袋，一方面要掌握花型、色彩搭配的整体性，最好挑选色彩、花型较接近的布料和单色布料相结合（特殊设计效果除外）；另一方面在拼接时要注意前后安排和顺序（图 2–219）。

3. 金属钉、金属片

金属钉、金属片可用在很多类型的包袋上，闪光的金属片常用来装饰宴会包。用金属装饰的包有前卫、时尚、粗犷的感觉，用彩色闪光片装饰的包更具神秘感（图 2–220）。

4. 珠子、珠片、羽毛

实用性较强的包一般较少采用珠子、珠片来装饰。它常用在宴会包、化妆包、小钱夹等装饰性较强的包袋上，表现精致、华丽的风格特征。

用羽毛装饰包的范围比较小，有宴会包、单肩挎包等，常用在包口的装饰上（图 2–221、2–222）。

5. 刺绣

男女式包都可用刺绣图案装饰。男士包通常只刺绣标志图案，而女士包的刺绣图案形式则可以很丰富。刺绣分手工和机绣两类，在机械化普及的今天，大多数都采用机绣的方式来装饰包袋。但也没有完全排除手绣，因为手绣的风格较机绣朴实、多样、灵活。在追求回归自然的时尚引导下，很多手工刺绣的包袋极具装饰性（图 2–223）。

图 2–219　金属钉装饰包

图 2–220　金属皮带装饰包

图 2-221　人造宝石镶嵌装饰包　　　　　　　　　图 2-222　羽毛装饰宴会包

图 2-223　刺绣装饰手提包　　　　图 2-224　标牌装饰包　　　　图 2-225　品牌标志装饰包

6、标牌、吊牌

标牌、吊牌是指品牌标志牌和装饰吊牌。品牌标志牌是金属做的商品标志,装饰吊牌是用金属或其他材料做的小饰物,它们通常挂在包的提手或包带上,起到宣传品牌和装饰包袋的作用,男女式包都可以使用(图 2-224、2-225)。

7、手绘、彩印

手绘,即手工绘制图案;彩印,即彩色印花。不同的彩绘颜料,可以绘制在不同的材料上。纺织纤维颜料可用在纤维面料制作的包袋图案绘制上,使用时,在手绘或彩印完成以后,要求进行高温烘焙固色。专业手绘颜料不同于普通纺织纤维颜料,它是针对手绘工艺的要求开发的高科技产品,工艺上没有特殊要求,不需要加热,这是非常适合手绘的。专业手绘颜料使用比较方便,不需要调料调色,也不需要稀释,直接用画笔就可以在包袋上绘制图案。近年来随着波普艺术、涂鸦艺术的流行,手绘与彩印

图 2-226　手绘涂鸦装饰包

图 2-227　彩印装饰包

以其灵活多变的表现形式，成为包袋装饰设计的常用方式（图 2-226、2-227）。

四、包袋材料的分类

1. 面料

包袋的材料有各种类型，如动物皮革、人造皮革；各种布料如帆布、细棉布、丝绸、呢绒、针织品等；各种塑料布；麦秆、麦秸；各类绳线，如麻绳、草绳、尼龙绳、棉线绳、毛线、丝线、尼龙线；各种金属以及其他可用的材料。

2. 辅料

辅料包括衬、垫料和里布等。衬既能增强面料强度又能使面料保持一定形状，在面料的内部加入衬，主要在包的盖、前面、手提带、前口等处使用。衬包括纸板、无纺布、软木板、皮革等。在选择衬时，必须和面料相适应，才能达到设计效果。垫料是为了让面料膨胀起来而使用的辅料，包括海绵、法兰绒、发泡橡胶等。

衬和垫料的区别在于：衬是为了使面料挺括，垫料是制造立体的效果。可根据包袋的造型设计需要选择使用衬和垫料。

本章小结

本章的服饰品分类，主要从女性的角度，以从头到脚的分类原则，对服饰品进行最基本的分类。所涉及的内容紧紧围绕与人体接触最密切的服饰用品，还有一些相关的服饰附属品，在本章没有一一列出，目的是为了更集中地对与人体最为密切的服饰品进行研究，以便于更好地为设计服务。

对于服饰品分类的学习，可以让设计师像军人打仗一样，做到知己知彼。有的放矢地学习设计，可以起到事半功倍的效果。

第三章　服饰品设计的方法与步骤

第一节　服饰品设计的要素与原则

一、服饰品设计的要素

1. 色彩要素

在人的视觉接受过程中，色彩最先闯入的视域，刺激视网膜，形成色知觉并产生各种色彩感情。所谓"远看色，近看花"不仅指距离的近和远，还包含视觉感知的先与后。在服装及饰品设计上最能创造气氛的是色彩。色彩是在光照的条件下产生的，通过各种显色物体的表面呈现出来。物体显示的色彩归纳起来有两类：一是"自然色彩"，指自然存在的天空、陆地、海洋以及自然界中由活性物质构成并具有生长、发育、繁殖能力的各种动物、植物（含植物的花、果）的色彩；二是"人造色彩"，指由人类通过劳动创造出来的各种物体的色彩，如建筑、交通工具、服饰以及一切日用品，包括空间环境装饰灯的外表色彩。人造色彩几乎都与设计有关，设计色彩来源于自然色彩，是自然色彩的提炼与升华。

色彩运用的优与劣，在很大程度上决定着作品的成败，因此服饰品设计的第一要素就是色彩因素。服饰品色彩设计是一个系统的构思过程。服饰品色彩和服装色彩是局部和整体的关系，它起着调整、辅助、点缀作用，力图使服装色彩更完美。在实际运用中，服饰品与服装色彩既对比又调和，在统一中求变化，达到色彩美的效果，并表达设计者的艺术倾向。在色彩上，服饰品与服装的配合大多采用色彩性格调和方式，即统一调和、类似调和、对比调和。同一调和属同质要素的结合，色彩的色相、明度、纯度以及它们的组合关系中都含有同一要素，显示出最简单、最易达到的统一感，是配色统一的根本。西式婚纱、新娘的白色花束、白皮鞋为同一色相配色，是单纯、传统的搭配，属统一调和的形式（图3-1）。类似调和是近似要素的结合，指色彩的色相、明度、纯度三方面相似因素进行组合，它较同一调和富于变化（图3-2）。同一调和与类似调和均属以统一为主的配色原则，但过分统一缺乏生气。在色相环上选用近乎相对色相或拉太明度差、纯度差，可以得到一种生动新鲜的调和，称为对比调和。对比调和中，服饰品通常以面积较小的点缀色出现，起点缀、强调、串联、补充、分别的作用，增强整体配色的视觉效果和艺术效果（图3-3）。

图 3-1　服饰色彩属统一调和的形式

图 3-2　类似调和

图 3-3　对比调和

图 3-4　服饰整体色彩效果

日用性服饰品依附于服装整体色彩而存在，如帽子、腰带、围巾，等等。它们的作用只有在与整体色彩的比较中才能产生或形成（图3-4）。某些装饰性服饰品如贵金属、宝石等却有其独立色彩，是装饰性与传统象征意义的结合。不同的珠宝具有不同色彩和象征意义，有的表示纯洁，有的象征幸福。在选用与服装配套的首饰时，必须考虑色彩和民俗，起到衬托容貌和服装的审美作用，达到整体色彩设计的目的。

2. 造型要素

所谓造型，是指物体在一定环境、空间所形成的立体形态。服饰配件的具体造型形态可分为不规则形态、有机形态和几何形态三种。不规则形态是一种偶然形态，具有未经雕琢的天然韵味。有机形态以圆滑曲线为特征，富于生命力和人情味。几何形态是依据一定比例和尺度来创作的形态，体现了规则感、现代感。服饰配件与服装在造型方面的配套设计运用了比例、均衡、节奏、呼应、强调等形式美法则。如布莱克·莱弗利（Blake Lively）出现在美剧《绯闻女孩》(Gossip Girl)第五季片场，穿着黑色风衣、靴子、戴着手套，用蓝色的大围巾、芬迪（Fendi）"Chameleon"撞色包包点缀。又如，用纽扣排列的点产生视线流动，构成秩序感和节奏感；用胸花单个的点在服装中构成视觉中心，起强调作用。运用得最为普遍的是在形状和大小上呼应，以便使配件和服装的相互关系调和得更为完美。如造型庄重雅致的传统服装，可采用形态相似的配件，体现稳重成熟。但有时形态完

全一致不仅达不到协调的目的，反而感觉呆板。这时运用对立形态构成，如方的服装造型采用圆的配件点缀，在视觉上造成强烈、明快的对比，丰富视觉变化，在心理上也能满足审美要求。从本质上讲，配件造型设计的目的是烘托服装形态，使之达到完美的效果。

3. 材质要素

材质即原料的性质和肌理。材质实质上是材料的性质要素，纹理形态是材料的肌理要素，设计时要将二者紧密结合。服饰配件设计较之服装设计在材质选择上更加宽泛，不仅采用传统的宝石、贵金属、纺织材料，近年来为配合服装回归自然、返朴归真的潮流，还流行骨、木、线、皮、石、塑胶等非传统材料（图3-5、图3-6）。这些材料在外观上有不同的视感和触感；有光与无光、细腻与粗糙、厚重与轻柔、人工与天然等。宝石与贵金属制作的饰物具有传统审美趣味，多为花草图案，高雅华贵（图3-7）；骨木石等材料构成的服饰品粗犷、夸张，富于野趣（图3-8）；皮革、金属链闪现的光感冷漠肃然（图3-9）。不同的材料组合便形成不同风格，为与时装配合提供了依据。服饰品与服装在材料上的配套设计有以下表现手法：一是相似质感的组合（图3-10）。装饰感强的服装选用光滑感的配件，轻便服装选用粗糙感的天然材质（图3-11）。二是数量的对比。有的材质少量运用就能显现独特的韵味，如成套首饰不宜超过三件，装饰过度便显得庸俗和杂乱（图3-12，西班牙风情的2012春夏配饰，用金饰做点缀，突出斗

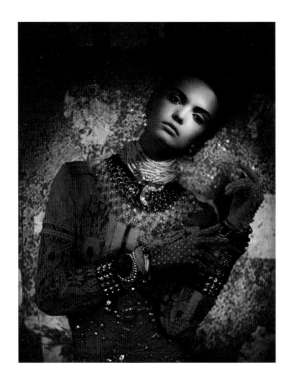

图 3-5　用线绳及多种材料设计的服饰品

图 3-6　用大小不同的皮块设计制作的项链

图 3-7　以花草为主题的项链设计

图 3-8　骨木石材料设计的项链富有粗犷的野趣

图 3-9　皮革金属链的设计体现出冷漠与肃然　　　　图 3-10　相似材质的组合形成丰富的视觉效果

图 3-11　宝石贵金属设计制作的项链　　　　图 3-12　莫斯奇诺（Moschino）西班牙风情

牛士主题）。有的材质需要堆叠重复，形成强烈的视觉冲击。许多民俗服装就是运用大量民族风味饰品表现出原始、粗犷、独特的风土人情（图3-13）。三是材质对比。几种材质配合后产生了纹理和质地的对比，这种对比既可是配件与服装面料构成对比（图3-14），也可在配件之间形成材质对比。

4. 加工因素

无论多么优良的材料，单是材料本身无法成为作品，必须进行适当的加工。加工因素是决定作品成功与否的关键。加工方式一般由材料决定，加工方式不一样，产生的美感就不同。手工艺品富于人情味，亲切自然。机械加工产品规整，体现了工业化社会的现代美感。不同的加工方式有着相同的目的——体现服饰品的材质本色和工艺技巧美感。

5. 个性因素

消费者的个性气质千差万别，其需求各不相同，所以针对消费者的个性进行定位设计是现代服饰设计的重要内容。消费者的目的、需求不同，直接影响其对配件的选择和消费行为。环境背景、物质能力不同，导致人们选择服饰品的品味、习惯及对时尚的态度有异。文化水平、职业习惯的差异影响着人们对服装、饰品的审美层次、走向以及对饰品象征性、功能性的要求。消费者的年龄性别、性格兴趣、审美水平影响对服饰品的评价。由此可见，个性因素影响着服饰品设计。

从以人为本的设计原则出发，服饰品设计

图3-13　民族风味的饰品

图3-14　利用材质对比进行的服饰品设计

要符合消费者的个性及需求，以适合不同性格、不同生活方式的人们的需要。比如用合金、塑料、玻璃为先锋型女性设计出现代风格造型的饰物，表现粗犷、简洁、抽象的风格，带有机械韵味（图3-15）；用金银玉石为古典型女性设计出庄重华贵的服饰品；用贝壳、陶瓷、皮革、纺织物创作的服饰品富有自然灵动的韵味（图3-16）。如果脱离穿着者的生活方式、思想境界，那么穿着者与服饰都将失去美感。

6. 社会因素

社会因素包括国家政策、经济形势、民族性、社会风气等。国家政策、意识形态制约着人们的审美标准，指导人们对服饰文化的总趋向；社会风气、道德规范约束着人们的审美模式；科学技术、文化教育引导着社会时尚，因而社会因素决定了服饰文化的共性特征，它支配着流行，支配着设计。20世纪六七十年代，美国社会思潮的动荡导致嬉皮士一代的产生，服饰配件中也推出了一环扣一环的金属链加一个和平牌的项饰，它以冷漠怪异风靡了美国。海湾战争爆发，阿拉伯缠头巾流行于世界各地。在受传统文化长期熏陶的我国农村，有着龙、凤、福、禄纹样的首饰依然受到人们喜爱。

7. 环境因素

着装环境是指从视觉上对服饰的各种功能产生影响的一切事物。人——服饰——环境之间相互影响。服饰呈现的整体效果依赖于与环境的对比因素。现代服饰设计就是把服饰与穿着环境作为一个整体对待，把个体放到整体中去考虑，要符合时间、地点、场合原则，与环境达到和谐统一。才能产生高层次美感，这是服饰品广义设计的重要内容。

图3-15　粗狂、简洁、抽象带有机械韵味的设计

图3-16　纺织服饰品设计富有自然灵动的韵味

服饰配件所呈现的美感并不是以上各设计因素的简单堆砌，而是有选择的组合利用。造型上，几何形明快、有机形纯朴，而不规则形显示个性；色彩上，红色热情、黑色凝重、绿色宁静；材质上，金属光滑现代感强，木纹石纹自然生活味重。这些因素同加工、个性、社会、环境因素结合起来，才能达到服饰美的境界。许多国际知名设计师通常对服装和饰物进行整体设计。

综上所述，服饰配件的设计因素是相互联系、互为依存的。服饰配件的设计就是将广义设计和狭义设计结合起来，使服装与饰品的设计达到高度完美的统一，体现服饰文化的内涵，这是服饰品设计师应具备的基本素质。

二、服饰品设计的原则

1. 审美原则

服饰品的功能就是其装饰性，因而作品设计成功的关键首要的就是其审美功能，设计的款式必须让人觉得十分美观，这是服饰品设计成功的关键。

2. 实用原则

服饰品设计属于工艺美术范畴。工艺美术又称实用美术，就是所设计的产品是否实用，这是检验服饰品设计师的作品是否成功的一杆标尺。

3. 经济原则

设计必须符合市场的需要，满足消费者的客观需求，促进产品利润的最大化，这是商业首饰设计的基本要求。

4. 工艺原则

服饰品设计是否适应生产工艺的要求，生产成本是不是合理，这些也是设计者必须认真思考的环节。

三、服饰品设计的基本方法

1. 沿用设计

模仿设计：包括同类产品的直接模仿及仿生设计的间接模仿（图3-17）。

移植设计：包括原理移植、功能移植、结构移植、材料移植、工艺移植（图3-18结构移植设计）。

替代设计：包括材料替代、零部件替代、方

图3-17　仿生饰品设计

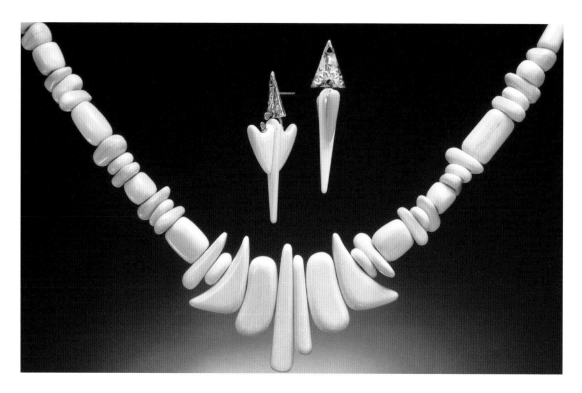

图 3-18 结构移植设计

式方法替代、技术替代。

标准化设计：是指沿用现行的国家技术标准或国际标准进行设计。

专利应用设计：包括专利的综合应用和专利的借鉴。

集约化设计：包括组套设计、系列设计、产品存放方式的设计。

2. 创新设计

概念创新设计：是对设计理念和思维的创新，是对过去的设计经验和知识的颠覆性创新创造。

形式与方式创新设计：可分为继承传统式的创新和激进式的创新，后者发展到一定程度上甚至成为一种否定和反叛。尤其是对于长期以

来自我潜意识所形成的一种固定思维框架的否定和反叛。用马克思主义哲学观来看，创新就是事物螺旋式上升的运动。

系统创新设计：就是设计者依靠对其有用的、现实的材料和工具，在意识与想象的深刻作用下，受惠于当时的技术文明而进行的创造。

技术商品化设计：随着技法、材料、工具等的变化，技术对于设计的创新产生着直接的影响。作为服饰品设计师，一定要了解最新的服饰品材料和加工工艺。

第二节　服饰品设计师的灵感培养

所谓灵感，是人们在艺术构思探索过程中，由于某种机缘的启发而突然出现豁然开朗、精

神亢奋，取得突破的一种心理现象。灵感它给人们带来意想不到的创造，可是它的产生却是突然的，昙花一现的，并不为人们的理智所控制，灵感具有突然性、短暂性、亢奋性和突破性等特征。灵感是设计师创作的源泉，是服饰品设计创新的灵魂，而创新是服饰品设计的生命。作为一名服饰品设计师，只有具有丰富的知识和敏捷的思维能力、才能突破固有范式，不断创新，只有创新才能给我们带来进步，带来改变，因此对于一个设计师综合素质的养成，灵感的培养是至关重要的环节。

一、灵感的特点

灵感最重要的特征首先体现在它是"创造能力"，其次它是"突然"爆发出来的。新认识是在已有认识的基础上发展起来的。旧与新、已知与未知的连接是产生新认识的关键。因此，要创新，就需要联想，以便从联想中受到启发，引发灵感，形成创造性的认识。也就是说，灵感这种创造能力不是每时每刻都存在的，也不是随心所欲信手拈来的。诚然，我们承认灵感的突发性，但灵感的形成也不是空穴来风，它是和每一个人的成长背景息息相关的。

灵感还有另一个显著的特点，它来源于创造者丰富的实践经验和知识积累，最终获取的灵感不管多么辉煌，都是在创造者丰富的实践经验和知识积累基础上综合运用的结果。由此可见，灵感是可以养成的。当我们了解了灵感产生的过程，掌握了灵感产生的规律，我们就

完全可能将无序的灵感转化为有序的逻辑推理过程并加以合理利用。

二、设计灵感的养成

1. 关注自然生态

艺术可以唤醒我们对于自然美感的审美要求。在服饰品设计中，我们使用的材料都来自于大自然。自然界给予我们的形态美、色彩美、肌理美。一只缤纷的蝴蝶，身上自然形成的图案，其优美的形态和天然的美感，可以引发我们无数的联想，带来无限的启迪。五光十色、错落有致的纹理，都能给我们带来设计的灵感。

自然界可以带给我们灵感。从宏观上讲，大海的澎湃，高山的巍峨，沙漠的宽广，草原的无际，森林的神秘，田野的富饶，小溪的缠绵，这是大自然赐予我们的最宝贵的财富。同样一个景物，不同的生活背景的人会有不同的感受，这就是灵感，需要设计师敏锐观察、细细品味、不经意间也许就激发出了灵感。从微观上讲，从肉眼容易看到的昆虫到显微镜下奇妙的世界，到处都是灵感的源泉。

人类从完全适应大自然的完美进化的动植物中获得启发，从而以仿生的方式进行发明创造和产品的创新设计。仿生学是向生物学习的科学，是人们有意识地将自然原理加以推广应用的一种思维方法。仿生设计学，亦称设计仿生学（Design Bionics），它是在仿生学和设计学的基础上发展起来的一门新兴边缘学科，它是以自然界万事万物的"形"、"色""音""功能"、

"结构"等为研究对象，有选择地在设计过程中应用这些特征、原理进行的设计，同时结合仿生学的研究成果，为设计提供新的思想、新的原理、新的方法和新的途径。在某种意义上讲，仿生设计学可以说是仿生学的延续和发展，是仿生学研究成果在人类生存方式中的反映。运用仿生性思维进行设计，可作为人类社会生产活动与自然界的契合点，使人类社会与自然达到高度的和谐统一。

（1）具象形态的仿生

具象形态是透过眼睛构造以及生理的自然反应，诚实地把外界之形映入视网膜刺激神经后感觉到存在的形态。它比较逼真地再现事物的形态。由于具象形态具有很好的情趣性、可爱性、有机性、亲和性、自然性，人们普遍乐于接受。在玩具、工艺品、日用品设计中应用比较多。但由于其形态的复杂性，很多工业产品不宜采用具象形态，如图3-19仿海星设计的胸饰、图3-20仿眼镜蛇设计的戒指、图3-21仿龙的形象设计的戒指。

图3-20　仿眼镜蛇设计戒指

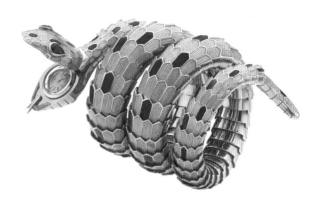

图3-19　仿海星设计胸饰

图3-21　仿蛇的形象设计的戒指

（2）抽象形态的仿生

抽象形态是用简单和概括的形体反映事物独特的本质特征。形式的简化性和特征的概括性，正好吻合现代工业产品对外观形态的简洁性、几何性以及产品的语意性要求，因此，它大量应用于现代产品设计。抽象仿生形态作用于人时，产生的"心理"形态必须经过生活经验的积累，经过联想和想象才浮现在脑海中。它充分地释放了人的无限想象力。人的生活经验不同，因此经过个人的主观联想产生的"心形"也不尽相同，产生形态生命活力的感受自然也丰富多彩。设计者在对同一具象形态进行抽象的过程中，由于生活经验、抽象方式方法以及表现手法不同，因此抽象化所得到的形态多种多样。

灵感来的时候，它让设计者产生冲动、产生强烈的创作欲望。为了抓住在第一时间闯入脑海的创作元素，首先必须具备从感官到实践的能力，这样才能将眼中所见、心中所感融合为现实的灵感。感觉不同，结果也不同，服装设计的空间由此体现。服装创作者都可以进入完全自我的原创空间，体会到创作的乐趣。

2. 关注社会发展

当今社会，许多现代艺术对于服装设计均产生了深远的影响，它带来的启示是显而易见的，各种各样的艺术风格在服装设计舞台上大行其道。如现代主义风格的奠定得益于包豪斯学院的建立和发展，它是现代设计的出发点。由于"德国工业联盟"的成立和产品的"实用"功能受到了前所未有的重视，使人们开始了追求过去造型中所没有的机械美，开始了设计的现代化。在这种风潮的影响下成立的包豪斯造型学院，统一了美术和设计这两个不同的领域，提倡艺术与技术相结合，以人为本，服装设计逐渐成为大众的、批量生产的现代设计。如今服装设计中也出现了后现代的风格，后现代主义对当代人的精神冲击是全方位的，在思维理论层面上可以肯定后现代主义的批判否定精神和异质多样的文化意向，后现代主义设计只有在"异样事物"中，才会获得自身的规定和理念。决定一种服装的风格时，我们的灵感来源于社会的发展，什么是当今流行的风格，我们就要在服装设计中运用。服装设计要跟得上社会的发展，时代前进的步伐。

3. 关注生活细节

我们常常听到的一句话是："变废为宝"。很多东西在人们眼中早已失去价值，服装设计师们却可以给它们不一样的生命。我们每日更新的报纸，今晨的报纸是报纸，今晚的报纸就是废纸，如此的浪费资源确实令人心疼，于是，我们给它崭新的生命，我们用它设计服装！虽然纸做的服装实用性不强，但是它给人们带来的是另一种形态美感。这样，既很好地利用了资源，也给服装设计师们创作的冲动，灵感不就是这样来的吗？它就是生活的琐碎，它就是生活带给我们的领悟。服装设计师凌雅丽，她在2009年的作品《后蚀流》中写到："人类的、自然的却有着如此多的联系和密切隐含的生命密码的交汇点。所以我要描述一种创伤的艺术与它所释放出来教人深省的意义。残缺的美，腐蚀的美，悲伤的美，另外意义上千变万化的美。"《后蚀流》作品创作的意义在于，在当代艺术的大背景下，描绘现代人对残缺以及废弃物的态度，让某种特殊的东西从"糟粕"的状态中游离出一种集聚的沉重的艺术，却无时不透着时光的烙印和烙印下形成的各种不同形状的痕迹。那是风雨雷电的擦肩而过，日月星辰的交替更迭，铸就了黑白灰色调的冷酷和奇妙"黯淡"下辉煌的庄严，是现代人类塑造出的独有的方式，另类气息下的复原和精心的再度筹划而产生的"美感。"这就是生活带给她的设计灵感。所以，我们一定要仔细关注生活，甚至关注身边的一切小小事物，哪怕它只是一张报纸。

4. 关注政治

什么样的政治背景下，产生什么样的服装潮流。唐朝时期，唐结束了魏晋南北朝和隋的混乱分裂状态，建立了统一强盛的国家，对外贸易发达，生产力极大发展，较长时间国泰民安。尤其是盛唐，中国成为亚洲各民族经济文化交流中心，更是我国文化史上最光辉的一页。这个时期吸收印度和伊斯兰文化，并融入我国文化之中，从壁画、石刻、雕刻、书、画、绢绣、陶俑及服饰之中，充分体现出来。唐朝的女人慢束罗裙半露胸，在那个封建的社会里，女人的衣服居然可以这么的开放，可见当时的政治有多么的开明。这一时期我国的服装得到了突

破性的发展。这些设计的灵感，必须与政治结合起来，与时代相一致。所以，服装设计师一定要关注政治形势，灵感来的时候要与政治背景相结合，否则就是背离时代。

第三节　服饰品设计的基本方法

一、设计思想的培养

在传统的服饰品设计的书中，往往先讲表现技法，绘画功底，这很重要。但是，设计思想的培养对于服饰品设计师来讲就更加重要。创新与突破是我们毕生追求的目标。求新、求异心理正是个性的彰显。人们追求新颖、奇特和追逐时尚的心理，正是导致服饰新产品产生的原因之一。

1. 创意与观察

观察是分析、研究、判断、想象和艺术创造的依据和前奏。设计的定向训练，首先是观察能力的训练。要具有一双"设计的眼睛"，没有观察就没有创意，设计师的职业敏感性主要表现在对客观事物的感知能力上。意大利美学家克罗齐说："画家之所以为画家，是由于他见到旁人只能隐约感觉到或依稀瞥望而不能见到的东西"。法国雕塑家罗丹也说过："所谓大师，是这样的人，他们用自己的眼睛去看别人见过的东西，在别人司空见惯的东西上能发现出美来"。可见训练敏锐的观察能力比传授理大量的知识更为重要。"观察"在心理学上属于一种"有意的注意"，是积极的思维活动，主要表现

为类似顺其自然的"机会效果"(chanceeffect), 其灵感完全来自视觉方式的不断寻求。

培养独到的、敏锐地观察能力，必须具备以下素养：

（1）好奇心，善疑多思，奇思异想；

（2）目的性，要善于把观察与作品创意联系在一起，捕捉有设计价值的信息。

在科学技术高度发展的今天，人们的艺术灵感已从向生活和大自然中汲取扩大到向微观世界探索的新阶段，设计师只有具备敏锐的观察力，才能够发现和挖掘新的创意因子、材料和语言，大胆进行新的探索，设计出富有个性的服饰品。

标新立异是独立人格的一种表征。所谓"标新"，从时间角度看表示和以往不同，和传统习惯不同；所谓"立异"，是从空间角度看，表示与他人不同。人们不愿从众的审美和消费心理，一方面是通过标新立异与众不同来提高身价，表现自我，超然于不如己的人；另一方面，用出众的装扮来避开和弥补自己的不足，扬长避短。现代人仅仅通过服装还不能完全满足这样的消费或审美心理，而新颖的服饰品恰好能锦上添花。

2. 提炼与夸张

艺术家们为了突出被表现对象的特征与美感，常常借助夸张变形的手法，有意识地去打破客观形态的常态比例，以便达到突出主题的目的。"夸张"是运用丰富的想象力，在客观现实的基础上有目的地放大或缩小事物的形象特征，以增强表达效果的修辞手法。在造型艺术创造中，"比例"一般用来表示部分与部分或部分与整体的数理关系。符合黄金分割比例的造型是最美的。模糊人体体态细节，突现人的整体体态与配饰的黄金比例、把握服装与配饰的黄金比例的造型原则来进行配饰设计，岂不更美！不过，艺术毕竟不是科学，因此，它所应用的比例也不会像数字比例那样确定而机械，它可视创作主题、审美心理等的需要而围绕一定数理逻辑做上下波动。因此说，艺术创作中涉及的比例概念及其数理关系亦不是绝对的、静态的，而是相对的、可变的。例如：在服饰配件设计中花卉造型设计常常受宠，因为花头部分最具物态特征与视觉美感，所以创作者一般通过有意夸大花头的比例（图 3-22）、主观缩小枝叶比例的方式来实现创作意图。这种夸大视觉的艺术效果十分吸引消费者的眼球，甚至大到离谱的造型会使这些饰品看起来像是专用于戏剧和舞台，更容易成为消费的焦点（图 3-23）。

在传统意义上看，服饰品在服饰中处于从属地位。但从近年来的世界顶级品牌的时尚发布会上，服饰品已逐渐颠覆了充当"配角"的传统，受到了更多人的关注，甚至成为视觉焦点、闪光点。靠堆砌和层叠来营造"大"效果是设计师最喜爱的手法之一。设计师充分发挥对材质质感的把握和色彩搭配的功力，层次分明、松紧有致而不显累赘。巨大的贝壳花首饰、粗大的 LOGO 项链、十几串手链扭成的巨型手链，当越来越多的特大号配饰在 T 台模特和明星身上闪耀的时候，不难发现，XXL 号超大服饰品昭示了其重要地位。这已经不是一种佩戴饰品

图3-22　夸大花头的比例的饰品设计

图3-23　富于戏剧和舞台效果的服饰品设计

的时尚，而是一种"穿"饰品的时尚。因为如此巨大、层叠的配饰出现在着装中，效果和一件衣服不相上下。巨型配饰也各有不同的风格：繁复的东方民族风格、层层缠绕而成的神秘中世纪风格、简单几何的现代风格。坚硬的珠宝可以像丝巾般柔软缠绕、十几副手镯串在一起也能当项链佩戴。配件设计师通过大得令人瞠目的配件，暗示时装完全可以靠一件配饰就改头换面。例如，用贝壳打造不同色彩的热带水果，色彩鲜艳欲滴；用项链层叠、簇拥在胸前（图3-24）的感觉很适合体现作品的热带风情或民族风格；用松石、珐琅、玉石、玛瑙这些天然素材，按照大块面切割打造大号项链，荟萃成风格质

朴的珠宝之花，看似粗糙的手法让传统饰品的温文尔雅转变为张扬不羁。同样，设计师可以借助巨型配饰的力量，来调节自身时装的气场（图3-25）。服饰品在时尚界已掀起狂热的浪潮。塑料鞋、涂鸦袋、奇异帽、璀璨夺目的珠宝首饰等等，它们绝非点缀性质的配角，新思维、新概念、新设计带来了更大的创意空间。

二、服饰品设计步骤

每一位服饰品设计师有着不同的构思途径和方式，但从多数的创作经验来看，大致可以分为三个阶段：

准备阶段　根据设计的主题、要求，在对

图 3-24　用层叠、簇拥的手法设计的饰品

图 3-25　唐娜·凯伦（Donna karan）的大贝壳项链设计

原始材料的观察和感受的基础上，进行初步的分析、研究、想象，同时根据工艺制作特点，提出多种方案。这一阶段的设计思维具有多向性和不定型性。

选择阶段　设计者对最初的设想图做全面的分析比较，从中选择最理想的方案，并进一步做具体的酝酿和工艺分析，使设计作品的艺术性和功能性进一步明确化和具体化。这一阶段的设计思维具有定向性和目的性。

完成阶段　这一阶段的构思是与设计实践活动分不开的，完整的构思意图在具体形象与整体关系中表达出来，精细的工艺设计是使作品顺利完成的保证，是一个对作品反复认识的过程，贯穿于设计全过程的始末。

本章小结

本章主要从设计的最初灵感的养成，到设计思维的培养，紧紧围绕设计思维培养而展开论述，概述了服饰设计的方法与步骤，并没有从叫你具体做什么入手，而是概念性地引领你游览大观园，了解服饰设计的概况。技术的发展远远快于我们学习技术，作为一名设计师，需要去感受技术，利用技术，开发技术，做到技术与艺术结合，才能真正立于潮头，让自己的设计创意无限。有一个善于思考的头脑比什么都重要，会思考，善观察，与时俱进，善用新材料，你就是一个优秀的设计师。

第四章 学生设计作品展示

第一节 首饰设计

一、软陶首饰及制作

1. 印度风情服饰品设计

作者：康馥彤 陆晓雪 张雯

（1）设计灵感图片（图4-1、4-2）

（2）制作过程（图4-3、4-4、4-5）

（3）成品展示（图4-6、4-7、4-8、4-9、4-10、4-11、4-12、4-13）

（5）整体搭配（图4-14、4-15、4-16）

图4-2 印度服饰色彩

图4-3 基本色彩和材料

图4-4 设计制作过程

图4-1 印度风情绘画作品

图 4-5　花条切片

图 4-6、4-7、4-8　头饰成品

图 4-9　耳环成品　　　　　　　　　　图 4-10　项链成品

图 4-11、4-12、4-13　手链成品

图 4-14、4-15、4-16　佩戴效果

2. 卡通风格服饰品设计

作者：张雨初 赵晓彤 钟珊

（1）设计准备过程（图4-17、4-18）

（2）成品展示（图4-19、4-20、4-21、4-22）

（3）整体搭配（图4-23、4-24）

图4-17　基本材料与工具

图4-18　压泥机

图4-19　圆形蓝白色花条

图4-20　三角形花条

图4-21　圆形黑白色花条

图4-22　准备烤制成品

图 4-23　项链吊牌

图 4-24　耳环

3. 混搭风格服饰品设计

作者：康馥彤 陆晓雪 张雯

（1）设计灵感

本系列服饰品是以豹纹图案和范思哲的 logo 作为灵感来源。选取了豹纹的颜色并加以归纳，颈饰造型呈放射状。以圆形的珠子作为最基础的设计元素，并赋予珠子以大小渐变，

用大量的珠子给人以强烈的视觉冲击力。

（2）准备过程（图 4-25、4-26、4-27、4-28）

（3）成品展示（图 4-29、4-30、4-31、4-32、4-33、4-34、4-35）

（4）整体佩戴效果（图 4-36、4-37、4-38）

图 4-25　项链成品

图 4-26　卡通吊牌

图 4-27　卡通吊牌佩戴效果

图 4-28　卡通耳环佩戴效果

图 4-29　灵感图片

图 4-30　材料准备

图 4-31　基本色调

图 4-32　基本造型

图 4-33　项链 1

图 4-34　手链

图 4-35　项链 2

图 4-36、4-37　整体佩戴效果

图 4-38　耳环佩戴效果

二、综合材料饰品展示

作者：07 装饰班集体创作

（1）印第安风格服饰品设计（图 4-39、4-40、4-41、4-42）

（2）优雅女孩头饰设计（图 4-43、4-44、4-45、4-46）

（3）串珠网纱项链设计（图 4-47、4-48）

（4）理想的泡泡项链设计（图 4-49、4-50、4-51、4-52）

（5）优雅女孩项链设计（图 4-53、4-54）

（6）蜘蛛一生（图 4-55、4-56、4-57、4-58）

（7）易拉罐环项链设计（图 4-59、4-60）

图 4-39、图 4-40 印第安风格服饰品设计

图 4-41 印第安风格手链设计

图 4-42 印第安风格头饰与项链

图 4-43 优雅女孩头饰展示之一

图 4-44 优雅女孩头饰展示之二

图 4-45　优雅女孩头饰展示之三

图 4-46　优雅女孩头饰展示之四

图 4-47　串珠网纱项链展示之一

图 4-48　串珠网纱项链展示之二

图 4-49　理想的泡泡项链展示之一

图 4-50　理想的泡泡项链展示之二

图 4-51　理想的泡泡项链展示之三

图 4-52　理想的泡泡项链展示之四

图 4-53　优雅女孩项链展示之一

图 4-54　优雅女孩项链展示之二

图 4-55　蜘蛛一生展示之一

图 4-56　蜘蛛一生展示之二

图 4-57 蜘蛛一生展示之三

图 4-58 蜘蛛一生展示之四

图 4-59 易拉罐项链设计展示之一

图 4-60 易拉罐项链设计展示之二

第二节　头部饰品设计

一、帽子设计

（1）网纱半帽设计（图4-61），设计者：赵雯

（2）优雅礼帽设计（图4-62、4-63、4-64），设计者：陈辰、金明洁

（3）闪电霓虹礼帽设计（图4-65、4-66、4-67），设计者：薛颖心

（4）金属质感网纱礼帽设计（图4-68、4-69），设计者：尤珊珊

二、头饰设计

（1）易拉罐面饰设计（图4-70、4-71），设计者：周丽娟

（2）美杜莎的诱惑头饰设计（图4-72、4-73），设计者：王菲菲

（3）血色红酒披肩设计（图4-74、图4-75），设计者：王菲菲

图4-61　网纱半帽设计

图4-62　优雅礼帽设计展示之一

图 4-63 优雅礼帽设计展示之二

图 4-64 优雅礼帽设计展示之三

图 4-65 闪电霓虹礼帽设计展示之一

图 4-66 闪电霓虹礼帽设计展示之二

图 4-67 闪电霓虹礼帽设计展示之三

图 4-68 金属质感网纱礼帽设计展示之一

图 4-69 金属质感网纱礼帽设计展示之二

图 4-70 易拉罐面饰设计展示之一

图 4-71 易拉罐面饰设计展示之二

图 4-72 美杜莎的诱惑头饰设计展示之一

图 4-73 美杜莎的诱惑头饰设计展示之二

图 4-74　血色红酒披肩设计展示之一

图 4-75　血色红酒披肩设计展示之二

第三节　包与鞋的设计

作者：07 装饰班集体创作

（1）拉链的缠绕木底凉鞋设计（图 4-76、4-77）

（2）蜘蛛网手工珠绣女鞋设计（图 4-78、4-79）

（3）个性不对称珠绣女鞋设计（图 4-80、4-81、4-82）

（4）脚踩云端珠绣女鞋设计（图 4-83、4-84）

（5）创意键盘包（图 4-85）

图 4-76　拉链缠绕木底凉鞋设计展示之一

图 4-77　拉链缠绕木底凉鞋设计展示之二

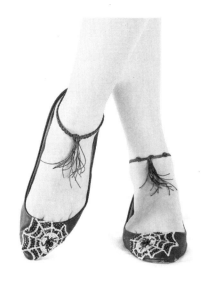

图 4-78　蜘蛛网手工珠绣女鞋设计展示之一

图 4-79　蜘蛛网手工珠绣女鞋设计展示之二

图 4-80　个性不对称珠绣女鞋设计展示之一

图 4-81　个性不对称珠绣女鞋设计展示之二

图 4-82　个性不对称珠绣女鞋设计展示之三

图 4-83　脚踩云端珠绣女鞋展示设计之一

图 4-84　脚踩云端珠绣女鞋展示设计之二

图 4-85　创意键盘包

（6）轻盈曼妙购物包（图 4-86、4-87）

（7）易拉罐拉环创意凉鞋设计（图 4-88）

图 4-86　轻盈曼妙购物包展示之一

图 4-87　轻盈曼妙购物包展示之二

图 4-88　易拉罐拉环创意凉鞋设计

图 4-89　皮雕服饰品整体设计　a.皮雕银饰腰带

第四节　服饰品整体搭配设计

　　本节学生作品全部是北京联合大学师范学院艺术设计系 07 装饰班同学的课堂作业和练习。

　　（1）皮雕服饰品整体设计

　　a. 皮雕银饰腰带（图 4-89）；b.耳环（图 4-90）；c.凉鞋（图 4-91、4-93）；d.皮雕项链（图 4-92）

　　（2）血色美杜莎（图 4-94、4-95、4-96、4-97、4-98）

　　a.链颈头饰；b.披肩

　　（3）百变披肩设计（图 4-99、4-100、4-101、4-102、4-103、4-104、4-105、4-106）

图 4-90　皮雕服饰品整体设计　b.耳环

图 4-91 皮雕服饰品整体设计 c.凉鞋

图 4-92 皮雕服饰品整体设计 d.皮雕项链

图 4-93 皮雕服饰品整体设计 c.凉鞋

图 4-94 血色美杜莎 a.链颈头饰

图 4-95　血色美杜莎　a.链颈头饰

图 4-96　血色美杜莎　a.链颈头饰

图 4-97　血色美杜莎　a.连颈头饰

图 4-98　血色美杜莎　b.披肩

图 4-99　百变披肩设计　a.披肩

图 4-100　百变披肩设计　a.披肩

图 4-101　百变披肩设计　a.披肩

图 4-102　百变披肩设计　b.腿饰

图 4-103　百变披肩设计　b. 腿饰

图 4-104　百变披肩设计　c. 戒指

图 4-105　百变披肩设计　c. 戒指

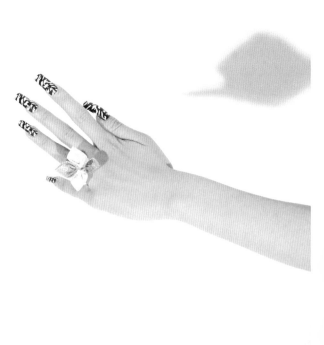

图 4-106　百变披肩设计　c. 戒指

　　a. 披肩；b.腿饰；c.戒指

　　（4）易拉罐拉环创意服饰品设计（图
4-107、4-108、4-109、4-110、4-111）

　　a. 耳环；b.手链；c.腰链；d.鞋

　　（5）皮雕服饰品设计（图4-112、4-113、
4-114、4-115、4-116、4-117、4-118、4-119、
4-120）

　　a. 手链；b.腰带

图4-107　易拉罐拉环创意服饰品设计　a.耳环

图4-108　易拉罐拉环创意服饰品设计 b.手链

图4-109　易拉罐拉环创意服饰品设计　c.腰链

图 4-110 易拉罐拉环创意服饰品设计 d. 鞋　　　　图 4-111 易拉罐拉环创意服饰品设计 d. 鞋

图 4-112 皮雕服饰品设计 a. 手链　　　　图 4-113 皮雕服饰品设计 a. 手链

图 4-114 皮雕服饰品设计 a.手链

图 4-115 皮雕服饰品设计 a.手链

图 4-116 皮雕服饰品设计 a.手链

图 4-117 皮雕服饰品设计 b.腰带

图 4-118 皮雕服饰品设计 b.腰带

图 4-119 皮雕服饰品设计 b.腰带

图 4-120 皮雕服饰品设计 b.腰带

本章小结

本章作品全部是学生的课堂作业。有些作品尚显稚嫩。由于工作繁忙，时间有限，还有很多内容没有展开，错误在所难免，请同行和专家多多批评指正。

这些作品虽然有以上不足，但是已显示出同学的极强的设计潜能和敬业精神。在作品制作过程中，很多同学的手磨坏了，被金属丝扎破了，但大家都坚持了下来。同学们把皮雕技巧运用到服饰品的设计中，把古老的技艺与现代时尚紧密结合，获得了老师、同学以及用人单位的好评。从这一点可以看出，服饰品设计并非高不可攀，而是和人们的生活紧密联系的生活艺术，只要你热爱生活、有耐心、有爱心、注意观察、勇于创新，你就可以成为一名出色的服饰品设计师，引领时尚。

参考文献

[1] 沈从文 . 中国服饰史 . 陕西师范大学出版社 .2004.

[2] Prisse d'Avennes. *Atlas of Egyptian Art*. The American University in Cairo　Press.2000.

[3] Tom Tierney.*Renaissance Fashions Coloring Book*.2000.

[4] Tom Tierney.*Medieval Fashions Coloring Book*

[5] 崔蓉蓉 . 现代服装设计文化学 . 中国纺织大学出版社 .2001.

[6] 华梅 . 西方服装史 . 中国纺织出版社 .2003.

[7] 郑辉，潘力 . 服装配饰设计 . 南京大学出版社 .2006.

图书在版编目（CIP）数据

服饰品设计／张嘉秋，车岩鑫编著. —北京：中国
传媒大学出版社，2012.7

ISBN 978 - 7 - 5657 - 0511 - 3

Ⅰ. ①服…　Ⅱ. ①张…②车…　Ⅲ. ①服饰—设计
Ⅳ. ①TS941.2

中国版本图书馆 CIP 数据核字（2012）第 212309 号

服饰品设计

编　　著	张嘉秋　车岩鑫
责任印制	曹　辉
出 版 人	蔡　翔

出版发行　**中国传媒大学** 出版社

地　　址　北京市朝阳区定福庄东街 1 号　邮编100024

电话：86 - 10 - 65450532　65450528　传真：65779405

网　　址　http://www.cucp.com.cn

经　　销　全国新华书店

印　　刷　北京彩蝶印刷有限公司

开　　本　787×1092mm　1/16

印　　张　9.25

版　　次　2012 年 7 月第 1 版　2012 年 7 月第 1 次印刷

书　　号　ISBN 978 - 7 - 5657 - 0511 - 3/TS·0511　定　价　42.00 元